개념을 나지고
실력을 키우는

왕수학

기본편

대한민국 수학학력평가의 새로운 기준!!

KMA
한국수학학력평가

| **시험일자** **상반기** | 매년 6월 셋째주
하반기 | 매년 11월 셋째주

| **응시대상** **초등 1년 ~ 중등 3년** (미취학생 및 상급학년 응시 가능)

| **응시방법** KMA 홈페이지 접수 또는 각 지역별 학원접수처 방문 접수
성적우수자 특전 및 시상 내역 등 기타 자세한 사항은 KMA 홈페이지를 참조하세요.

홈페이지 바로가기
(www.kma-e.com)

▶ 본 평가는 100% 오프라인 평가입니다.

주최 | 한국수학학력평가연구원   주관 | (주)에듀왕

개념을 다지고
실력을 키우는

왕수학

기본편

2-1

구성과 특징

▌왕수학의 특징

1. 왕수학 개념+연산 → 왕수학 기본 → 왕수학 실력 → 점프 왕수학 최상위 순으로
단계별·난이도별 학습이 가능합니다.

2. 개정교육과정 100% 반영하였습니다.

3. 기본 개념 정리와 개념을 익히는 기본문제를 수록하였습니다.

4. 문제 해결력을 키우는 다양한 창의사고력 문제를 수록하였습니다.

5. 논리력 향상을 위한 서술형 문제를 강화하였습니다.

STEP 1

STEP 2

STEP 3

STEP 4

실력팍팍

기본유형(유형콕콕)문제
보다 좀 더 높은 수준의
문제를 풀며 실력을
키웁니다.

유형콕콕

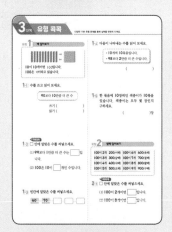

시험에 나올 수 있는
문제를 유형별로 풀어
보면서 문제해결력을
키웁니다.

핵심쏙쏙

기본 개념을 익힌 후
교과서와 익힘책 수준의
문제를 풀어보면서
개념을 다집니다.

개념탄탄

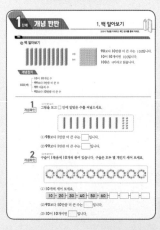

교과서 개념과 원리를 각각의
주제로 익히고 개념확인 문제를
풀어보면서 개념을 정확히 이해
합니다.

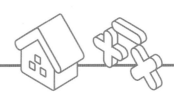

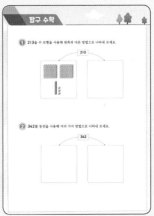

STEP **8** **왕수학 실력**

탐구 수학

STEP **7**

놀이수학

단원의 주제와 관련된 탐구 활동과 문제해결력을 기르는 문제를 제시하여 학습한 내용을 좀더 다양하고 깊게 생각해 볼 수 있게 합니다.

STEP **6**

단원평가

수학을 공부한다는 느낌이 아니라 놀이처럼 즐기는 가운데 자연스럽게 수학 학습이 이루어지도록 합니다.

단원 평가를 통해 자신의 실력을 최종 점검합니다.

STEP **5**

서술 유형익히기

서술형 문제를 주어진 풀이 과정을 완성하여 해결하고 유사문제를 통해 스스로 연습합니다.

차례 | Contents

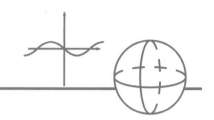

단원 ❶ 세 자리 수 —————————————— 5쪽

단원 ❷ 여러 가지 도형 ————————————— 39쪽

단원 ❸ 덧셈과 뺄셈 —————————————— 71쪽

단원 ❹ 길이재기 ——————————————— 117쪽

단원 ❺ 분류하기 ——————————————— 141쪽

단원 ❻ 곱셈 ————————————————— 163쪽

단원 1 세 자리 수

이번에 배울 내용

1 백 알아보기

2 몇백 알아보기

3 세 자리 수 알아보기

4 각 자리의 숫자가 나타내는 수

5 뛰어 세기

6 수의 크기 비교하기

이전에 배운 내용

- 9까지의 수
- 50까지의 수
- 100까지의 수

다음에 배울 내용

- 덧셈과 뺄셈
- 네 자리 수

❂ 백 알아보기

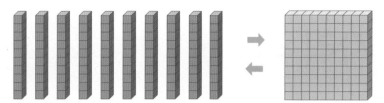

90보다 10만큼 더 큰 수는 100입니다.
10이 10개이면 100입니다.
100은 백이라고 읽습니다.

개념잡기

100(백)
- 10이 10개인 수
- 99보다 1만큼 더 큰 수
- 99 다음의 수
- 90보다 10만큼 더 큰 수

---

1 개념확인

📖 백 알아보기

그림을 보고 □ 안에 알맞은 수를 써넣으세요.

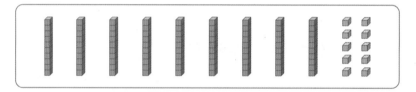

(1) 98보다 1만큼 더 큰 수는 □입니다.

(2) 99보다 1만큼 더 큰 수는 □입니다.

2 개념확인

📖 백 알아보기

구슬이 1묶음에 10개씩 묶여 있습니다. 구슬은 모두 몇 개인지 세어 보세요.

(1) 10개씩 세어 보세요.

| 10 | 20 | 30 | 40 | 50 | 60 | | | | |

(2) 90보다 10만큼 더 큰 수는 □입니다.

(3) 10이 10개이면 □입니다.

기본 문제를 통해 교과서 개념을 다져요.

① 그림을 보고 □ 안에 알맞은 수를 써넣으세요.

(1) 십 모형 **10**개는 백 모형 □개와 같습니다.

(2) **10**이 □개이면 □입니다.

② 그림을 보고 □ 안에 알맞은 수를 써넣으세요.

백 모형	십 모형	일 모형
□개	□개	0개

↓

□

③ 그림이 나타내는 수를 쓰고 읽어 보세요.

쓰기 ( )

읽기 ( )

④ 그림을 보고 □ 안에 알맞은 수나 말을 써넣으세요.

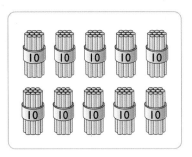

10이 **10**개이면 □이고

□이라고 읽습니다.

⑤ □ 안에 알맞은 수를 써넣으세요.

| 95 | 96 | 97 | 98 | 99 | □ |

99보다 **1**만큼 더 큰 수는 □입니다.

⑥ □ 안에 알맞은 수를 써넣으세요.

| 50 | 60 | 70 | 80 | □ | □ |

□은 **90**보다 **10**만큼 더 큰 수입니다.

2. 몇백 알아보기

교과서 개념을 이해하고 확인 문제를 통해 익혀요.

◐ 몇백 알아보기

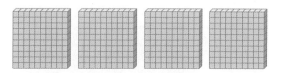

- 100이 4개이면 400입니다.
- 400은 사백이라고 읽습니다.

	쓰기	읽기
100이 2개	200	이백
100이 3개	300	삼백
100이 4개	400	사백
100이 5개	500	오백
100이 6개	600	육백
100이 7개	700	칠백
100이 8개	800	팔백
100이 9개	900	구백

개념잡기

◐ 몇백 알아보기

100이 ▲이면 ▲00(▲백)입니다.

---

1 개념확인

📖 몇백 알아보기

그림을 보고 □ 안에 알맞은 수를 써넣으세요.

100원짜리 동전이 **5**개이면 ☐ 원입니다.

---

2 개념확인

📖 몇백 알아보기

그림을 보고 □ 안에 알맞은 수를 써넣으세요.

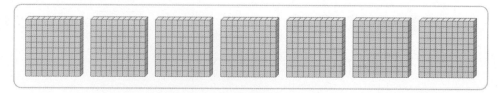

100이 **7**개이면 ☐ 입니다.

기본 문제를 통해 교과서 개념을 다져요.

① 색종이는 모두 몇 장인가요?

100 100 100 100

☐장

② 수 모형에 알맞은 수를 쓰세요.

(1)

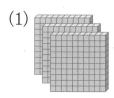

(   )

(2)

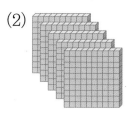

(   )

★중요

③ ☐ 안에 알맞은 수를 써넣으세요.

(1) **100**이 **2**개이면 ☐ 입니다.

(2) **100**이 **8**개이면 ☐ 입니다.

(3) **100**이 **9**개이면 ☐ 입니다.

④ 같은 것끼리 선으로 이어 보세요.

100이 6개 •	• 300
100이 3개 •	• 600
100이 7개 •	• 700

⑤ 수를 바르게 읽은 것을 찾아 선으로 이어 보세요.

500 •	• 칠백
600 •	• 육백
700 •	• 오백

⑥ 설명하는 수를 쓰고 읽어 보세요.

(1) 100이 3개인 수 → 쓰기 ☐ → 읽기 ☐

(2) 100이 8개인 수 → 쓰기 ☐ → 읽기 ☐

◐ 234 알아보기

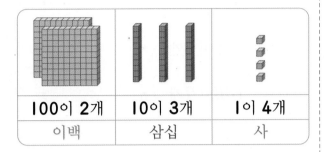

100이 2개	10이 3개	1이 4개
이백	삼십	사

• 100이 2개, 10이 3개, 1이 4개이면 234 입니다.

• 234는 이백삼십사라고 읽습니다.

◐ 307 알아보기

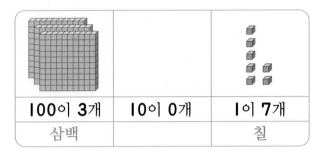

100이 3개	10이 0개	1이 7개
삼백		칠

• 100이 3개, 10이 0개, 1이 7개이면 307 입니다.

• 307은 삼백칠이라고 읽습니다.

개념잡기

◐ 세 자리 수 읽기

234 이백삼십사

백십일

참고 100이 ●개, 10이 ▲개, 1이 ■개이면 ●▲■입니다.

• 숫자가 0인 자리는 읽지 않습니다.

530 ➡ 오백삼십 604 ➡ 육백사

• 숫자가 1인 자리는 자릿값만 읽습니다.

213 ➡ 이백십삼 154 ➡ 백오십사

---

1 개념확인

◻ 세 자리 수 알아보기

□ 안에 알맞은 수를 써넣으세요.

100원짜리 동전이 ☐개, 10원짜리 동전이 ☐개, 1원짜리 동전이 ☐개이면 ☐원입니다.

2 개념확인

◻ 세 자리 수 알아보기

수를 바르게 읽은 것에 ○표 하세요.

(1) 723 ➡ | 칠백삼십이 | 칠백이십삼 |

(2) 508 ➡ | 오백팔 | 오백영팔 |

기본 문제를 통해 교과서 개념을 다져요.

1 수 모형이 나타내는 수를 쓰고 읽어 보세요.

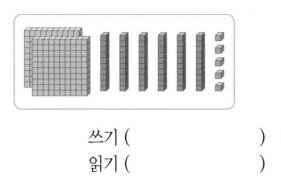

쓰기 (   )
읽기 (   )

2 수로 써 보세요.

(1) 오백이십구

(   )

(2) 팔백육십

(   )

3 □ 안에 알맞은 수를 써넣으세요.

100이 **3**개 ┐
10이 **0**개 ├ 이면 □
1이 **1**개 ┘

4 □ 안에 알맞은 수를 써넣으세요.

426은 ┌ 100이 □개 ┐
      │ 10이 □개 ├ 인 수입니다.
      └ 1이 □개 ┘

5 수를 바르게 읽어 보세요.

(1) **256** ➡ [   ]

(2) **403** ➡ [   ]

(3) **615** ➡ [   ]

6 빈 칸에 알맞은 수나 말을 써넣으세요.

쓰기		509	107
읽기	백십육		

✪ 234의 각 자리의 숫자가 나타내는 수

백의 자리	십의 자리	일의 자리
2	3	4

4는 일의 자리 숫자이고 4를 나타냅니다.

2	○	○
	3	○
		4

2는 백의 자리 숫자이고 200을 나타냅니다.

3은 십의 자리 숫자이고 30을 나타냅니다.

백의 자리	십의 자리	일의 자리
2	3	4
100이 2개	10이 3개	1이 4개
200	30	4

| 2 | 3 | 4 | ➡ 200 + 30 + 4 |

개념잡기

✪ 세 자리 수의 자릿값

세 자리 수 ●▲■에서 ●▲■

- 백의 자리 ➡ ●00
- 십의 자리 ➡ ▲0
- 일의 자리 ➡ ■

• 숫자가 같더라도 어느 자리에 있는가에 따라 나타내는 수는 다릅니다.

---

1 개념확인

▤ 각 자리의 숫자가 나타내는 수

□ 안에 알맞은 말을 써넣으세요.

769에서 7은 ☐ 의 자리 숫자이고, 6은 ☐ 의 자리 숫자이고, 9는 ☐ 의 자리 숫자입니다.

2 개념확인

▤ 각 자리의 숫자가 나타내는 수

수 572 에 맞게 □ 안에 수를 써넣으세요.

100이 5개	10이 ☐ 개	1이 2개
☐	70	☐

➡ 572 = ☐ + 70 + ☐

기본 문제를 통해 교과서 개념을 다져요.

1 □ 안에 알맞은 수를 써넣으세요.

(1) **444**

100이 4개	10이 4개	1이 4개
400		

444 = □ + □ + □

(2) **506**

100이 5개	10이 0개	1이 6개

506 = □ + □ + □

2 숫자 **7**이 나타내는 수를 쓰세요.

(1) **572** ➡ ( )

(2) **734** ➡ ( )

3 일의 자리 숫자가 **8**인 수를 찾아 ○표 하세요.

584 806 718

중요

4 수를 보고 □ 안에 알맞은 수나 말을 써넣으세요.

938

(1) **9**는 □의 자리 숫자이고,

□을 나타냅니다.

(2) **3**은 □의 자리 숫자이고,

□을 나타냅니다.

(3) **8**은 □의 자리 숫자이고,

□을 나타냅니다.

5 밑줄 친 숫자가 나타내는 수를 써 보세요.

(1) **1**36 ➡ □

(2) **549** ➡ □

(3) **425** ➡ □

6 마라톤 선수의 등 뒤에 써있는 수의 백의 자리 숫자는 **3**, 십의 자리 숫자는 **5**, 일의 자리 숫자는 **8**입니다. 이 마라톤 선수의 등 뒤에 써있는 수는 얼마인가요?

( )

단원
1

유형 1 백 알아보기

10이 10개이면 100입니다.
100은 백이라고 읽습니다.

1-1 수를 쓰고 읽어 보세요.

90보다 10만큼 더 큰 수

쓰기 (   )
읽기 (   )

◀ 대표유형 ▶
1-2 □ 안에 알맞은 수를 써넣으세요.

(1) 99보다 1만큼 더 큰 수는 □ 입니다.

(2) 100은 10이 □ 개인 수입니다.

1-3 빈칸에 알맞은 수를 써넣으세요.

60 — 70 — □ — □ — □

1-4 다음이 나타내는 수를 읽어 보세요.

· 10개씩 10묶음입니다.
· 98보다 2만큼 더 큰 수입니다.

(   )

1-5 한 묶음에 10장씩인 색종이가 10묶음 있습니다. 색종이는 모두 몇 장인지 구하세요.

(   )장

유형 2 몇백 알아보기

100이 2개	200(이백)	100이 6개	600(육백)
100이 3개	300(삼백)	100이 7개	700(칠백)
100이 4개	400(사백)	100이 8개	800(팔백)
100이 5개	500(오백)	100이 9개	900(구백)

◀ 대표유형 ▶
2-1 □ 안에 알맞은 수를 써넣으세요.

(1) 100이 2개이면 □ 입니다.

(2) 100이 8개이면 □ 입니다.

2-2 수 모형에 맞게 □ 안에 알맞은 수를 써넣으세요.

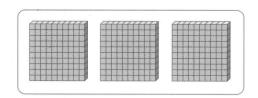

100이 □ 개이면 □ 입니다.

2-3 동전은 모두 얼마인지 구하세요.

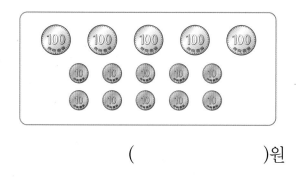

( )원

2-4 수로 써 보세요.

(1) 칠백 ( )

(2) 팔백 ( )

2-5 같은 것끼리 선으로 이어 보세요.

600 ·	· 100이 6개인 수
700 ·	· 100이 5개인 수
500 ·	· 100이 7개인 수

2-6 □ 안에 알맞은 수를 써넣으세요.

(1) 400은 100이 □ 개인 수입니다.

(2) 800은 100이 □ 개인 수입니다.

시험에 잘 나와요

2-7 옳은 것에 ○표, 틀린 것에 ×표 하세요.

(1)
| 100이 6개이면 600입니다. |

( )

(2)
| 900은 100이 8개인 수입니다. |

( )

(3)
| 10이 7개이면 700입니다. |

( )

2-8 색종이가 한 상자에 100장씩 들어 있습니다. 9상자에는 색종이가 모두 몇 장 들어 있는지 구하세요.

( )장

2-9 가영이의 주머니에 100원짜리 동전이 7개 들어 있습니다. 가영이의 주머니에 들어 있는 돈은 모두 얼마인지 구하세요.

( )원

2-10 다음과 같이 주어진 수를 넣어 이야기를 써 보세요.

> **200** 동민이는 훌라후프를 하루에 **200**번씩 하기로 마음 먹었습니다.

> **300**

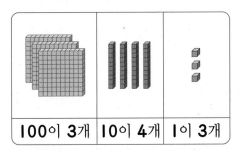

유형 3 세 자리 수 알아보기

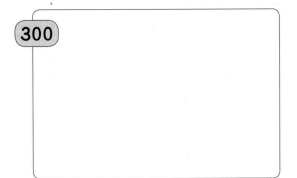

100이 **3**개	10이 **4**개	1이 **3**개

➡ 100이 **3**개, 10이 **4**개, 1이 **3**개이면 **343**입니다.

대표유형

3-1 □ 안에 알맞은 수를 써넣으세요.

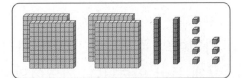

100이 **4**개, 10이 **2**개, 1이 **8**개이면 □입니다.

3-2 수 모형에 알맞은 수를 쓰세요.

(1)

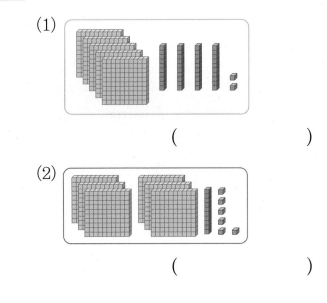

(   )

(2)

(   )

3-3 수로 써 보세요.

> 사백구십

(   )

시험에 잘 나와요

3-4 수로 바르게 나타낸 것은 어느 것인가요? (   )

> 칠백팔십사

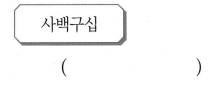

① **704**   ② **784**   ③ **700804**
④ **780**   ⑤ **848**

유형 4 각 자리의 숫자가 나타내는 수

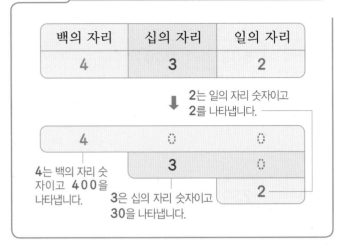

백의 자리	십의 자리	일의 자리
4	3	2

2는 일의 자리 숫자이고
2를 나타냅니다.

4	0	0
	3	0
		2

4는 백의 자리 숫자이고 **400**을 나타냅니다.

3은 십의 자리 숫자이고 30을 나타냅니다.

4-1 밑줄 친 숫자가 얼마를 나타내는지 수 모형에서 찾아 ○표 하세요.

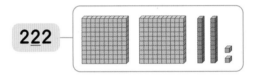

222

4-2 수를 보고 빈칸에 알맞은 수를 써넣으세요.

589

자리	백의 자리	십의 자리	일의 자리
숫자	5		
나타내는 수			9

4-3 다음은 오른쪽 수의 각 자리의 숫자가 나타내는 수를 설명한 것이다. □ 안에 알맞은수를 써넣으세요.

716

백의 자리 숫자 □은 □을, 십의 자리 숫자 □은 □을, 일의 자리 숫자 6은 6을 나타냅니다.

4-4 백의 자리 숫자가 **2**인 수에 색칠해 보세요.

421 235 512

시험에 잘 나와요

4-5 숫자 **3**이 **30**을 나타내는 수를 찾아 쓰세요.

378 132 503 243

(   )

4-6 숫자 **5**는 얼마를 나타내는지 쓰세요.

514 ➡ (   )

4-7 백의 자리 숫자가 **6**, 십의 자리 숫자가 **4**, 일의 자리 숫자가 **8**인 세 자리 수를 쓰세요.

(   )

☞ 100씩 뛰어 세기

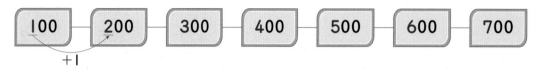

100씩 뛰어 세면 백의 자리 숫자가 1씩 커집니다.

☞ 10씩 뛰어 세기

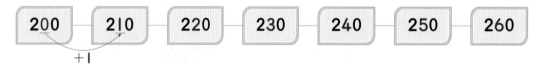

10씩 뛰어 세면 십의 자리 숫자가 1씩 커집니다.

☞ 1씩 뛰어 세기

1씩 뛰어 세면 일의 자리 숫자가 1씩 커집니다.

☞ 1000 알아보기

999보다 1만큼 더 큰 수는 1000입니다. 1000은 천이라고 읽습니다.

개념잡기

• 10씩 뛰어 세기에서 십의 자리 숫자가 9인 경우 다음 수의 십의 자리 숫자를 0으로 하고, 백의 자리 숫자를 1만큼 더 크게 합니다.
• 1씩 뛰어 세기에서 일의 자리 숫자가 9인 경우 다음 수의 일의 자리 숫자를 0으로 하고, 십의 자리 숫자를 1만큼 더 크게 합니다.

개념확인

🖪 뛰어 세기

그림을 보고 뛰어 세어 보세요.

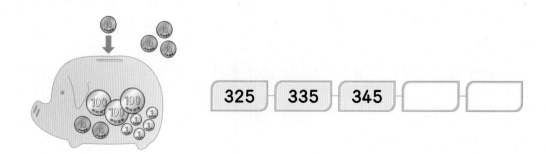

| 325 | 335 | 345 | | |

기본 문제를 통해 교과서 개념을 다져요.

❶ 100씩 뛰어 세어 보세요.

(1)

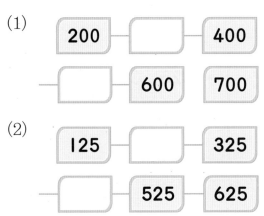

200 — ☐ — 400
☐ — 600 — 700

(2)

125 — ☐ — 325
☐ — 525 — 625

❷ 10씩 뛰어 세어 보세요.

(1)

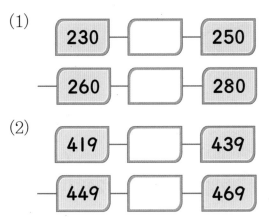

230 — ☐ — 250
— 260 — ☐ — 280

(2)

419 — ☐ — 439
— 449 — ☐ — 469

❸ 1씩 뛰어 세어 보세요.

(1)

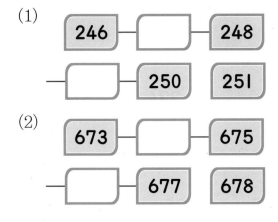

246 — ☐ — 248
— ☐ — 250 — 251

(2)

673 — ☐ — 675
— ☐ — 677 — 678

❹ 다음은 몇씩 뛰어 세기 한 것입니다. 빈 곳에 알맞은 수를 써넣으세요.

(1)

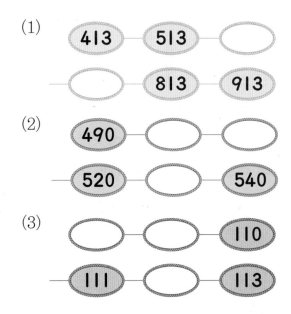

413 — 513 — ☐
☐ — 813 — 913

(2)

490 — ☐ — ☐
— 520 — ☐ — 540

(3)

☐ — ☐ — 110
111 — ☐ — 113

❺ ☐ 안에 알맞은 수나 말을 써넣으세요.

999보다 1만큼 더 큰 수를 ☐ 이라 쓰고, ☐ 이라고 읽습니다.

❻ 451에서 큰 쪽으로 1씩 3번 뛰어 센 수를 구하세요.

(   )

6. 수의 크기 비교하기

교과서 개념을 이해하고 확인 문제를 통해 익혀요.

◐ 두 수의 크기 비교하기(1)

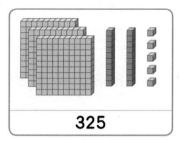

325

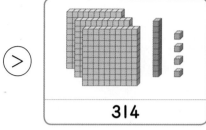

314

→ **325**는 **314**보다 큽니다.

325 > 314

◐ 두 수의 크기 비교하기(2)

• 백의 자리 숫자가 다를 때

601 > 599

6>5

• 백의 자리와 십의 자리 숫자가 같을 때

287 < 288

7<8

• 백의 자리 숫자가 같을 때

327 < 369

2<6

(보충) ■는 ▲보다 큽니다. ➡ ■ > ▲
■는 ▲보다 작습니다. ➡ ■ < ▲

◐ 세 수의 크기 비교하기

	백의 자리	십의 자리	일의 자리
627 ➡	6	2	7
592 ➡	5	9	2
615 ➡	6	1	5

➡ 세 수 중 가장 큰 수는 **627**이고, 가장 작은 수는 **592**입니다.

---

1 개념확인

▤ 수의 크기 비교하기

그림을 보고 두 수의 크기를 비교하여 ○ 안에 >, <를 알맞게 써넣으세요.

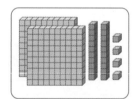
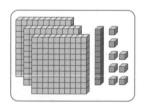

224 **318**

2 개념확인

▤ 수의 크기 비교하기

○ 안에 >, <를 알맞게 써넣으세요.

(1) **298**은 **195**보다 큽니다. ➡ **298** ◯ **195**

(2) **692**는 **693**보다 작습니다. ➡ **692** ◯ **693**

① 수 모형을 보고 ◯ 안에 >, <를 알맞게 써넣으세요.

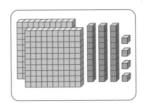 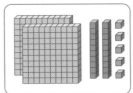

234 ◯ 225

② ◯ 안에 >, <를 알맞게 써넣으세요.

(1) 427 ◯ 519
　　 4 ◯ 5

(2) 547 ◯ 528
　　 4 ◯ 2

⭐중요

③ 두 수의 크기를 비교하여 ◯ 안에 >, <를 알맞게 써넣으세요.

(1) 200 ◯ 201

(2) 709 ◯ 697

(3) 543 ◯ 570

(4) 821 ◯ 829

④ 알맞은 말에 ◯표 하세요.

(1) 369 > 357

➡ 369는 357보다

(큽니다, 작습니다).

(2) 745 < 749

➡ 745는 749보다

(큽니다, 작습니다).

⑤ 다음을 >, <를 사용하여 나타내 보세요.

(1) 572는 516보다 큽니다.

➡ ＿＿＿＿＿＿＿＿＿＿

(2) 193은 805보다 작습니다.

➡ ＿＿＿＿＿＿＿＿＿＿

(3) 628은 634보다 작습니다.

➡ ＿＿＿＿＿＿＿＿＿＿

⑥ 세 수 중 가장 큰 수에 ◯표 하세요.

(1) 394, 476, 467

(2) 680, 608, 599

유형 **5** 뛰어 세기

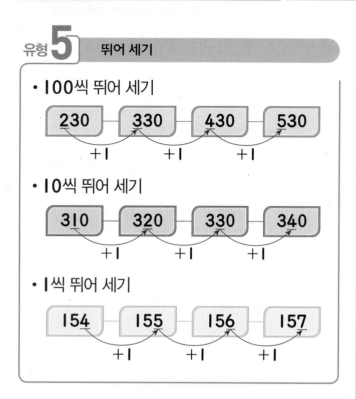

- **100**씩 뛰어 세기

230 — 330 — 430 — 530
+1   +1   +1

- **10**씩 뛰어 세기

310 — 320 — 330 — 340
+1   +1   +1

- **1**씩 뛰어 세기

154 — 155 — 156 — 157
+1   +1   +1

5-1 100원짜리 동전을 세어 보세요.

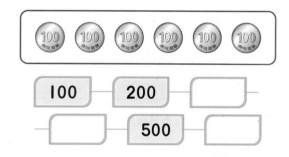

100 — 200 — ☐
☐ — 500 — ☐

◀ 대표유형

5-2 ☐ 안에 알맞은 말을 써넣으세요.

(1) **100**씩 뛰어 세면 ☐의 자리 숫자가 **1**씩 커집니다.

(2) **10**씩 뛰어 세면 ☐의 자리 숫자가 **1**씩 커집니다.

(3) **1**씩 뛰어 세면 ☐의 자리 숫자가 **1**씩 커집니다.

5-3 **100**씩 뛰어 세어 보세요.

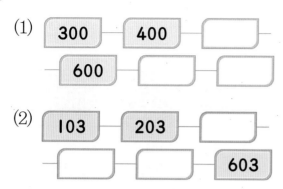

(1) 300 — 400 — ☐
600 — ☐ — ☐

(2) 103 — 203 — ☐
☐ — ☐ — 603

5-4 **10**씩 뛰어 세어 보세요.

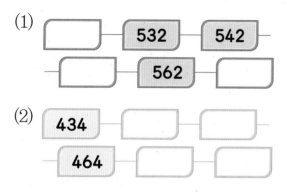

(1) ☐ — 532 — 542
☐ — 562 — ☐

(2) 434 — ☐ — ☐
464 — ☐ — ☐

5-5 **1**씩 뛰어 세어 보세요.

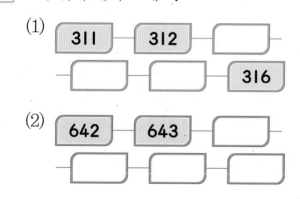

(1) 311 — 312 — ☐
☐ — ☐ — 316

(2) 642 — 643 — ☐
☐ — ☐ — ☐

🎓 시험에 잘 나와요

5-6 몇씩 뛰어 센 것인가요?

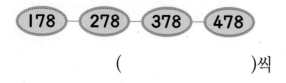

178 — 278 — 378 — 478

(   )씩

5-7 162에서 큰 쪽으로 10씩 3번 뛰어 센 수를 구하세요.

(   )

5-8 뛰어 세는 규칙을 찾아 빈 곳에 알맞은 수를 써넣으세요.

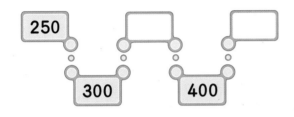

5-9 1000에 대하여 잘못 설명한 것을 찾아 기호를 쓰세요.

> ㉠ 999보다 1만큼 더 큰 수
> ㉡ 990보다 1만큼 더 큰 수
> ㉢ 900보다 100만큼 더 큰 수

(   )

5-10 가영이가 접은 종이학의 수를 세어 보았더니 997개보다 3개 더 많았습니다. 가영이가 접은 종이학은 몇 개인지 구하세요.

(   )개

유형 **6**   수의 크기 비교하기

세 자리 수의 크기를 비교할 때에는 백의 자리, 십의 자리, 일의 자리 순서로 숫자를 비교합니다.

같습니다.

276 > 248
7>4

➡ 276은 248보다 큽니다.

대표유형

6-1 두 수의 크기를 비교하여 ○ 안에 >, <를 알맞게 써넣으세요.

(1) 715 ◯ 735

(2) 408 ◯ 402

6-2 바르게 말한 사람의 이름을 쓰세요.

756은 750보다 작아.
영수

627은 620보다 커.
지혜

(   )

6-3 보기 와 같이 읽어 보세요.

> **보기**
> 301 > 299
> ➡ 301은 299보다 큽니다.

769 < 796

➡ _____

6-4 다음을 >, <를 사용하여 나타내세요.

(1) 521은 798보다 작습니다.

➡ _____

(2) 982는 902보다 큽니다.

➡ _____

6-5 세 수 중 가장 큰 수를 찾아 ○표 하세요.

(1)
678   826   692
( )   ( )   ( )

(2)
773   762   732
( )   ( )   ( )

6-6 다음 수보다 큰 수를 모두 찾아 ○표 하세요.

269

(142, 228, 296, 369)

6-7 가장 작은 수부터 차례로 기호를 쓰세요.

| ㉠ 801 | ㉡ 607 |
| ㉢ 810 | ㉣ 706 |

(_____)

 시험에 잘 나와요

6-8 색종이를 석기는 570장, 지혜는 710장 가지고 있습니다. 석기와 지혜 중에서 누가 색종이를 더 많이 가지고 있나요?

(_____)

6-9 우표를 예슬이는 447장, 영수는 457장 모았습니다. 예슬이와 영수 중에서 누가 우표를 더 많이 모았나요?

(_____)

6-10 □ 안에 들어갈 수 있는 숫자에 ○표 하세요.

128 < 12□

(6, 7, 8, 9)

1 다음 중 **100**을 나타내는 수가 <u>아닌</u> 것은 어느 것인가요? (   )

① **10**씩 **10**묶음
② **90**보다 **10**만큼 더 큰 수
③ **99**보다 **1**만큼 더 큰 수
④ **10**보다 **10**만큼 더 큰 수
⑤ **80**보다 **20**만큼 더 큰 수

2 지혜는 종이배 **100**개를 접으려고 합니다. 지금까지 종이배 **70**개를 접었다면 몇 개를 더 접어야 하는지 구하세요.

(   )개

3 동민이는 한 통에 **50**개씩 들어 있는 구슬을 **2**통 샀습니다. 동민이가 산 구슬은 모두 몇 개인지 구하세요.

(   )개

4 ㉠과 ㉡에 알맞은 수들의 합을 구하세요.

> ・**400**은 **100**이 ㉠개입니다.
> ・**100**이 ㉡개이면 **900**입니다.

(   )

5 **100**이 **7**개인 수보다 **200**만큼 더 큰 수를 구하세요.

(   )

6 **10**이 **50**개인 수는 **100**이 몇 개인 수와 같나요?

(   )개

7 빈칸에 알맞은 수를 써넣으세요.

백의 자리	십의 자리	일의 자리	수
8	0	4	
5	1		517
			792

8 빈칸에 알맞게 써넣으세요.

백 모형	십 모형	일 모형	수
3개	12개		428

9 □ 안에 알맞은 수를 써넣으세요.

431에서 백의 자리 숫자 □ 는

□ 을 나타내고, 이것은 100이

□ 개인 수와 같습니다.

10 예슬이가 설명하는 세 자리 수는 얼마인지 구하세요.

백의 자리 숫자는 **3**이고, 십의 자리 숫자는 **7**이야. 일의 자리 숫자는 백의 자리 숫자와 똑같아.

예슬

( )

11 다음에서 숫자 **7**이 나타내는 값의 합은 얼마인지 구하세요.

572 387

( )

12 100이 **6**개, 10이 **13**개, 1이 **45**개인 수는 얼마인가요?

( )

13 숫자 카드 **3**장을 모두 사용하여 만들 수 있는 세 자리 수는 몇 개인지 구하세요.

3 0 8

( )개

16 ㉠에 알맞은 수를 쓰고, 읽어 보세요.

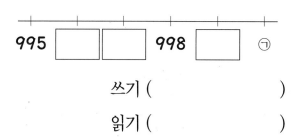

995 □ □ 998 □ ㉠

쓰기 ( )

읽기 ( )

👑 뛰어 세는 규칙을 찾아 빈 곳에 알맞은 수를 써넣으세요. [14~15]

14

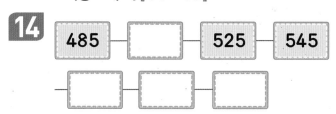

485 □ 525 545

□ □ □

17 다음 수들은 몇씩 뛰어서 센 것인지 쓰세요.

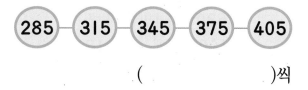

285 – 315 – 345 – 375 – 405

( )씩

15

208 – 258 □ □

408 □ □

18 동민이의 방법으로 뛰어 세어 보세요.

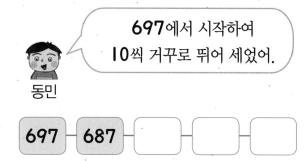

697에서 시작하여
10씩 거꾸로 뛰어 세었어.

동민

697 – 687 □ □ □

19 지혜와 가영이가 은행에서 뽑은 번호표입니다. 누가 먼저 번호표를 뽑았나요?

지혜   가영

(   )

20 가장 큰 수부터 순서대로 기호를 쓰세요.

> ㉠ 630보다 1만큼 더 큰 수
> ㉡ 100이 5개, 10이 18개인 수
> ㉢ 백의 자리 숫자가 6, 십의 자리 숫자가 9, 일의 자리 숫자가 2인 수
> ㉣ 10이 60개, 1이 78개인 수

(   )

21 숫자 카드 3장을 모두 사용하여 만들 수 있는 가장 큰 세 자리 수와 가장 작은 세 자리 수를 각각 구하세요.

3   7   5

가장 큰 수   (   )

가장 작은 수 (   )

22 □ 안에 들어갈 수 있는 숫자를 모두 찾아 ○표 하세요.

$$362 < 3 \boxed{} 8$$

(3, 4, 5, 6, 7, 8)

23 십의 자리 숫자가 8, 일의 자리 숫자가 4인 수 중에서 가장 큰 세 자리 수를 구하세요.

(   )

24 어떤 수인지 써 보세요.

> • 어떤 수는 세 자리 수입니다.
> • 백의 자리 숫자는 3보다 크고 5보다 작은 수입니다.
> • 십의 자리 숫자는 80을 나타냅니다.
> • 일의 자리 숫자는 3보다 작은 홀수입니다.

(   )

서술 유형 익히기

주어진 풀이 과정을 함께 해결하면서
서술형 문제의 해결 방법을 익혀요.

유형 1

다음 중 틀린 것을 찾아 기호를 쓰고 그 이유를 설명하세요.

> ㉠ 300은 100씩 묶음이 3개인 수입니다.
> ㉡ 517은 507보다 10만큼 더 작은 수입니다.
> ㉢ 710은 일의 자리 숫자가 0인 수입니다.

✏️풀이 517은 507보다 10만큼 더 작은 수가 아니라 10만큼 더 [　] 수입니다.

따라서 [　]이 틀렸습니다.

답 [　]

예제 1

다음 중 틀린 것을 찾아 기호를 쓰고 그 이유를 설명하세요. [4점]

> ㉠ 700은 100이 7개인 수입니다.
> ㉡ 400은 390보다 1만큼 더 큰 수입니다.
> ㉢ 967은 십의 자리 숫자가 6인 수입니다.

✏️설명

_____

_____

_____

_____

답 _____

유형 2

빈 곳에 알맞은 수를 써넣고 뛰어 세는 규칙을 설명하세요.

$$327 - \boxed{} - \boxed{} - 357 - 367$$

📝 설명   **357**에서 한 번 뛰어 세었더니 $\boxed{}$ 이 되었습니다.

십의 자리의 숫자가 $\boxed{}$ 만큼 더 커졌으므로 $\boxed{}$ 씩 뛰어 센 것입니다.

예제 2

빈 곳에 알맞은 수를 써넣고 뛰어 세는 규칙을 설명하세요. [4점]

$$165 - \boxed{} - 365 - 465 - \boxed{}$$

📝 설명

_____

_____

_____

_____

놀이 수학

👑 상연이와 효근이는 다음과 같은 방법으로 놀이를 합니다. 물음에 답하세요. [1~3]

준비물

숫자 카드

| 0 | 1 | 2 | 3 | 4 | 5 | 6 | 7 | 8 | 9 |

| 0 | 1 | 2 | 3 | 4 | 5 | 6 | 7 | 8 | 9 |

놀이 방법

① 숫자 카드를 잘 섞어 뒤집어 놓습니다.
② 각자 **3**장의 숫자 카드를 뽑습니다.
③ 뽑은 숫자 카드를 모두 사용하여 만들 수 있는 가장 큰 세 자리 수를 만듭니다.
④ 만든 세 자리 수가 더 큰 사람이 이깁니다.

❶ 다음은 상연이가 뽑은 숫자 카드입니다. 만들 수 있는 가장 큰 세 자리 수는 얼마인가요?

| 5 | 4 | 7 |

(   )

❷ 다음은 효근이가 뽑은 숫자 카드입니다. 만들 수 있는 가장 큰 세 자리 수는 얼마인가요?

| 6 | 3 | 7 |

(   )

❸ 상연이와 효근이 중 놀이에서 이긴 사람은 누구인가요?

(   )

1 다음 중 **100**에 대한 설명으로 옳은
(3점) 것을 모두 고르세요. (   )

① **98**보다 **1**만큼 더 큰 수
② **99**보다 **10**만큼 더 큰 수
③ **80**보다 **10**만큼 더 큰 수
④ **90**보다 **10**만큼 더 큰 수
⑤ **10**이 **10**개인 수

2 □ 안에 알맞은 수를 써넣으세요.
(3점)

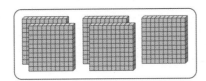

100이 **5**개이면 □ 입니다.

3 □ 안에 알맞은 수를 써넣으세요.
(3점)

700은 **100**이 □ 개인 수입니다.

4 같은 것끼리 선으로 이어 보세요.
(4점)

800	•	•	100이 2개인 수
200	•	•	100이 5개인 수
500	•	•	100이 8개인 수

5 사탕이 한 봉지에 **100**개씩 들어 있습
(4점) 니다. **9**봉지에는 사탕이 모두 몇 개 들
어 있는지 구하세요.

(   )개

6 다음 중 수를 잘못 읽은 것은 어느 것입
(4점) 인가요? (   )

① **197** ─ 백구십칠
② **374** ─ 삼백칠십사
③ **582** ─ 오백팔십이
④ **702** ─ 칠십이
⑤ **274** ─ 이백칠십사

👑 수들을 보고 물음에 답하세요. [7~8]

256   265   526
562   625   652

7 숫자 **2**가 **2**를 나타내는 수를 모두 찾아
(4점) 쓰세요.

(   )

8 숫자 **5**가 **50**을 나타내는 수를 모두
(4점) 찾아 쓰세요.

(   )

9 수로 써 보세요.
(4점)

> 오백구십칠

( )

10 100이 8개, 10이 7개, 1이 4개인 수
(4점) 를 쓰세요.

( )

11 보기와 같이 □ 안에 알맞은 수를 써넣
(4점) 으세요.

> 보기
>
> 234 = 200 + 30 + 4

679 = □ + □ + □

12 딸기의 수를 보기와 같이 표시하였습
(4점) 니다. 딸기는 모두 몇 개인지 구하세요.

> 보기
> 딸기 100개 : ■   딸기 10개 : ▲
> 딸기 1개 : ●

> 딸기의 수를 센 표시
> ■ ■ ■ ■ ▲ ▲ ● ● ●

( )개

13 10씩 뛰어 세어 보세요.
(4점)

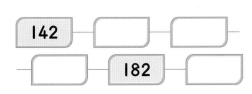

142 □ □ □ 182 □

14 몇씩 뛰어 센 것인지 쓰세요.
(4점)

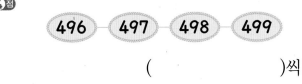

496 497 498 499

( )씩

15 뛰어 세는 규칙을 찾아 빈 곳에 알맞은
(4점) 수를 써넣으세요.

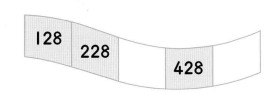

128 228 □ 428

단원
1

16 999보다 I만큼 더 큰 수를 쓰고 읽어 (4점) 보세요.

쓰기 (   )

읽기 (   )

17 657부터 I씩 거꾸로 뛰어 세어 □ 안에 (4점) 알맞은 수를 써넣으세요.

$$657-656-655-\boxed{}-\boxed{}$$

18 252에서 큰 쪽으로 100씩 4번 뛰어 (4점) 센 수를 구하세요.

(   )

19 다음을 >, <를 사용하여 나타내 보세요. (4점)
(1) 486은 459보다 큽니다.

(   )

(2) 890은 908보다 작습니다.

(   )

20 두 수의 크기를 비교하여 ○ 안에 >, (4점) <를 알맞게 써넣으세요.

(1) 253 ◯ 353

(2) 641 ◯ 607

21 □ 안에 들어갈 수 있는 숫자에 모두 (4점) ○표 하세요.

$$65\boxed{} > 654$$

(3, 4, 5, 6, 7)

서술형

22 사탕이 100개짜리 6봉지와 10개짜리
④점 7봉지가 있습니다. 사탕은 모두 몇 개
인지 풀이 과정을 쓰고 답을 구하세요.

풀이

답 _____ 개

23 영수와 지혜는 은행에서 번호표를 들고
⑤점 기다리고 있습니다. 더 먼저 번호표를
뽑은 사람은 누구인지 풀이 과정을 쓰고
답을 구하세요.

| 영수 | 241 | | 지혜 | 232 |

풀이

답 _____

24 뛰어 세는 규칙을 설명하고 □ 안에 알
⑤점 맞은 수를 써넣으세요.

721 - □ - □ - 751 - 761

설명

25 가장 큰 수부터 순서대로 기호를 쓰려고
⑤점 합니다. 풀이 과정을 쓰고 답을 구하
세요.

㉠ 700보다 15만큼 더 큰 수
㉡ 100이 6개, 1이 7개인 수
㉢ 백의 자리 숫자가 6, 십의 자리 숫
자가 2, 일의 자리 숫자가 7인 수

풀이

답 _____

① **213**을 수 모형을 사용해 왼쪽과 다른 방법으로 나타내 보세요.

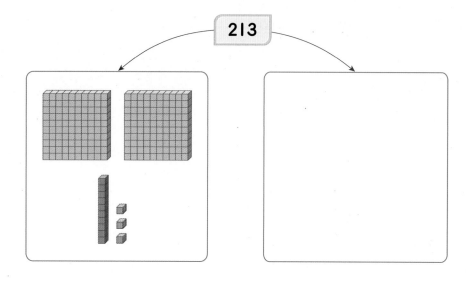

② **342**를 동전을 사용해 여러 가지 방법으로 나타내 보세요.

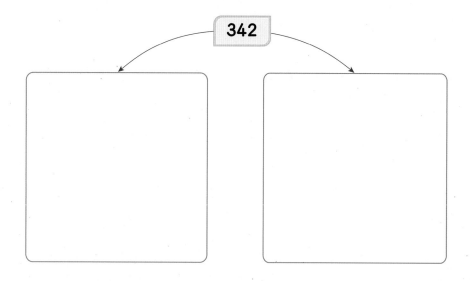

영수가 만든 로봇

친구네 집에 놀러 갔던 영수가 뿌루퉁하게 입을 내밀고 집으로 왔어요. 친구가 로봇을 혼자만 가지고 놀면서 영수에게는 만지지도 못 하게 했다네요. 정말 속상했겠지요?

제 방으로 쓱 들어간 영수는

'아무도 이 방에 들어오지 마세요! 지금부터 로봇을 만들 거에요.'

라고 방문에 써 붙여 놓았어요.

로봇? 웬 로봇? 왜 갑자기 로봇을 만든다는 거지?

식구들은 저마다 고개를 갸웃거렸어요. 저녁 때가 되어 식구들 모두 식탁에 모여 앉았는데도 영수는 방에서 나오질 않았어요. 먹보 영수가 먹는 것도 잊었나 봐요.

"밥 안 먹니?"

할머니께서 방문을 열어 보시고는 깜짝 놀라셨어요. 종이 조각이 온 방 가득 흩어져 있고 영수는 엉덩이를 하늘로 쳐들고 엎드려서는 뭔가 열심히 쓰고 있었거든요.

"할머니, 이제 다 되었어요. 밥 먹으러 갈게요."

뭐가 그리 신이 나는지 제 키만큼 길다란 종이를 들고서는 싱글벙글 웃으면서 영수가 일어섰어요.

영수가 만든 로봇이 드디어 등장했어요.

로봇은 모두 세 개인데 세 로봇 모두 혀가 삐죽 나와 있고, 혀마다 각각 색이 달랐어요.

"엄마, 형이 귀신 로봇을 만들었어요!"

다섯 살 동생이 그 모습을 보고 소리를 질렀어요.

"귀신은 무슨 귀신! 이래뵈도 콩콩 뛰는 로봇이야!"

영수가 자신있게 소리쳤지만 아무리 봐도 콩콩 뛸 것 같지 않은 고장난 로봇인 걸요.

"할머니, 9, 10, 100 중에서 어떤 수가 제일 좋으세요?"

뜬금없이 묻는 말에 할머니께서는 빙긋 웃으시더니 9가 제일 좋다고 하셨어요.

영수는 냉큼 왼쪽에 있는 로봇의 노란색 혀를 쓱쓱 뽑아내기 시작했어요.

"앗, 로봇이 수들을 막 토해내고 있습니다. 자, 보십시오. 9만큼 콩콩 뛰는 수들을 토해내는 박사 로봇입니다!"

영수가 마치 홈쇼핑 광고처럼 소리를 벅벅 지르면서 로봇의 입에서 노란색 혀를 뽑아냈어요.

"하하하하, 정말 대단한 로봇이구나. 그럼 저 빨간색 혀에서는 10만큼 뛰는 수가 나오는 거니?"

엄마가 깔깔 웃으시며 물으셨어요.

"어떻게 아셨어요? 그럼 하얀색 혀에서는 어떤 수들이 나오는지도 아시겠네요?"

"물론이지. 100만큼 콩콩 뛰는 수들이 나오겠지?"

영수가 만든 로봇 중 하나가 그만 고장이 나 버렸어요.

아, 영수는 로봇이 왜 고장난 건지 알았어요. 수 하나를 잘못 쓴 거에요. 그러니 로봇이 제대로 작동할 수가 없었겠지요?

영수가 만든 로봇 중에서 수가 잘못 쓰여진 로봇은 어느 것인가요?
잘못 쓰여진 수를 바르게 고쳐 볼까요?

여러 가지 도형

이번에 배울 내용

1 삼각형을 알아보고 찾기

2 사각형을 알아보고 찾기

3 원을 알아보고 찾기

4 칠교판으로 모양 만들기

5 쌓은 모양 알아보기

6 여러 가지 모양으로 쌓아보기

◁ 이전에 배운 내용

• ▲, ▇, ● 모양 알아보기

▷ 다음에 배울 내용

• 여러 가지 삼각형과 삼각형 알아보기
• 원의 구성 요소 알아보기
• 다각형 알아보기
• 쌓기나무로 만든 입체도형의 위, 앞, 옆에서 본 모양 알아보기

1. 삼각형을 알아보고 찾기

교과서 개념을 이해하고 확인 문제를 통해 익혀요.

◐ 삼각형 알아보기

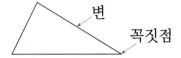

변
꼭짓점

- 곧은 선 **3**개로 둘러싸인 도형을 삼각형이라고 합니다.
- 도형에서 뾰족한 부분을 꼭짓점이라 하고 곧은 선을 변이라고 합니다.
- 삼각형에는 꼭짓점이 **3**개, 변이 **3**개 있습니다.

◐ 삼각형 그려보기

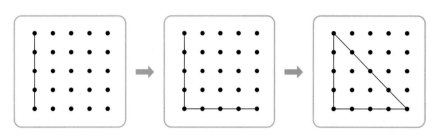

세 점을 곧은 선으로 이어서 삼각형을 그립니다.

개념잡기

◑ 삼각형이 아닌 경우

곧은 선끼리 이어지지 않았습니다.

곧은 선과 굽은 선이 모두 있습니다.

---

1 개념확인

🔲 삼각형 알아보기

도형을 보고 물음에 답하세요.

(1) 몇 개의 곧은 선으로 둘러싸여 있나요?

(   )개

(2) 도형의 이름은 무엇인가요?

(   )

2 개념확인

🔲 삼각형 찾기

삼각형을 모두 찾아 ○표 하세요.

        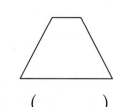   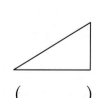

(   )   (   )   (   )   (   )

기본 문제를 통해 교과서 개념을 다져요.

1 다음과 같은 도형을 무엇이라 하나요?

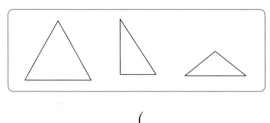

( )

설명에 알맞은 도형을 모두 찾아 ○표 하세요. [2~3]

2

3개의 곧은 선으로 둘러싸인 도형

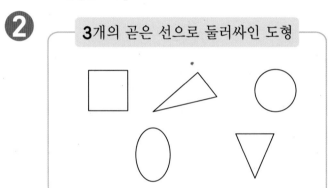

3

뾰족한 부분이 3개인 도형

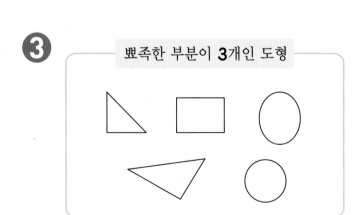

4 □ 안에 알맞은 말을 써넣으세요.

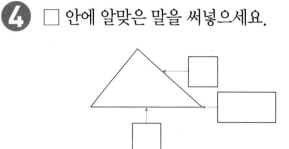

5 삼각형에서 변과 꼭짓점의 수를 각각 세어 보세요.

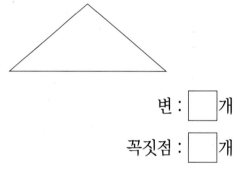

변 : ☐ 개

꼭짓점 : ☐ 개

6 세 점을 이어 삼각형을 그려 보세요.

(1) •

  •   •

(2) •

  •

        •

사각형 알아보기

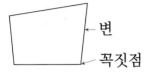

변

꼭짓점

- 곧은 선 **4**개로 둘러싸인 도형을 사각형이라고 합니다.
- 도형에서 뾰족한 부분을 꼭짓점이라 하고 곧은 선을 변이라고 합니다.
- 사각형에는 꼭짓점이 **4**개, 변이 **4**개 있습니다.

사각형 그려보기

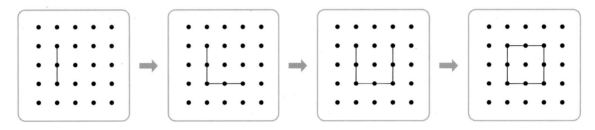

네 점을 곧은 선으로 이어서 사각형을 그립니다.

개념잡기

사각형이 아닌 경우

곧은 선과 굽은 선이
모두 있습니다.

곧은 선끼리 이어
지지 않습니다.

개념확인 1

📖 사각형 알아보기

도형을 보고 물음에 답하세요.

(1) 몇 개의 곧은 선으로 둘러싸여 있나요?

(   )개

(2) 도형의 이름은 무엇인가요?

(   )

개념확인 2

📖 사각형 찾기

사각형을 모두 찾아 ○표 하세요.

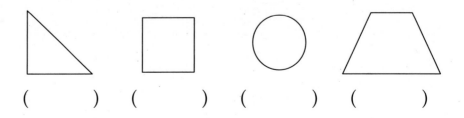

(   )   (   )   (   )   (   )

기본 문제를 통해 교과서 개념을 다져요.

① 다음과 같은 도형을 무엇이라 하나요?

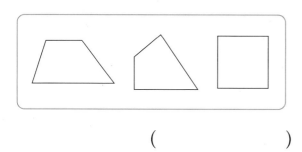

(   )

👑 설명에 알맞은 도형을 모두 찾아 ○표 하세요. [2~3]

② 4개의 곧은 선으로 둘러싸인 도형

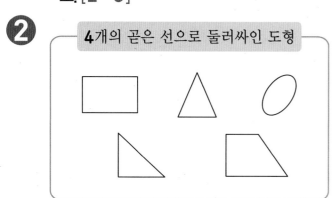

③ 뾰족한 부분이 4개인 도형

④ □ 안에 알맞은 말을 써넣으세요.

⑤ 사각형에서 변과 꼭짓점의 수를 각각 세어 보세요.

변 : □ 개

꼭짓점 : □ 개

⑥ 네 점을 이어 사각형을 그려 보세요.

(1)   •   •

     •   •

(2) •   •

    •   •

단원 **2**

⟳ 원 알아보기

- 동그란 모양이 있는 물건의 본을 뜬 도형을 원이라고 합니다.
- 원에는 뾰족한 점과 곧은 선이 없습니다.

⟳ 원의 특징

- 뾰족한 부분이 없습니다.
- 굽은 선으로만 둘러싸여 있습니다.
- 원의 모양은 모두 같고, 크기만 다릅니다.

개념잡기

⟳ 원이 아닌 이유

동그랗지 않고 길쭉함.	곧은 선이 있음.	끊어진 부분이 있음.

---

1 개념확인

🔲 원 알아보기

□ 안에 알맞은 말을 써넣으세요.

왼쪽 그림과 같은 동전을 놓고 본을 떠 그린 도형을 □ 이라고 합니다.

2 개념확인

🔲 원 찾기

그림에서 원을 모두 찾아 색칠하고, 모두 몇 개인지 구하세요.

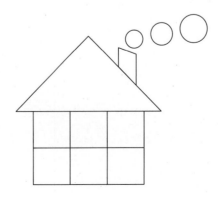

(   )개

기본 문제를 통해 교과서 개념을 다져요.

❶ □ 안에 알맞은 말을 써넣으세요.

위와 같은 물건을 본떠서 그린 동그란

모양의 도형을 □이라고 합니다.

중요

❷ 도형을 보고 원을 모두 찾아 기호를 쓰세요.

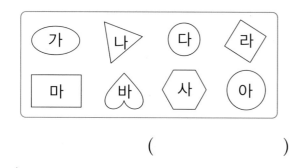

(   )

❸ 원을 모두 고르세요. (   )

①
②

③
④

⑤

❹ 주변의 물건이나 모양자를 사용하여 크기가 다른 원 **2**개를 그려 보세요.

단원 2

❺ 원에 대한 설명입니다. 옳은 것을 모두 고르세요. (   )

① **3**개의 곧은 선으로 둘러싸인 도형입니다.
② 뾰족한 부분이 있습니다.
③ 동그란 모양의 도형입니다.
④ **4**개의 곧은 선으로 둘러싸인 도형입니다.
⑤ 크기가 달라도 모양은 모두 같습니다.

❻ 그림에서 원은 모두 몇 개인지 구하세요.

(   )개

칠교판을 사용하여 여러 가지 모양 만들기

 , 세 조각으로 삼각형, 사각형 만들기

〈삼각형〉   〈사각형〉

개념잡기

칠교판은 삼각형 **5**개, 사각형 **2**개로 이루어져 있습니다.

개념확인 1 📄 칠교판으로 도형 만들기

칠교판을 보고 물음에 답하세요.

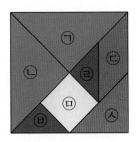

(1) 칠교판의 각 조각들을 보고 삼각형과 사각형을 모두 찾아 각각 기호를 쓰세요.

삼각형 (   )

사각형 (   )

(2) 칠교판의 ◢ , ◣ 을 모두 사용하여 도형을 만들어 보세요.

삼각형	사각형

기본 문제를 통해 교과서 개념을 다져요.

칠교판을 보고 물음에 답하세요. [1~3]

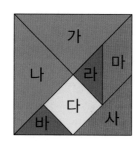

1 가와 나 조각을 모두 사용하여 삼각형을 만들어 보세요.

2 다와 바 조각을 모두 사용하여 사각형을 만들어 보세요.

3 라, 마, 바 조각을 모두 사용하여 사각형을 만들어 보세요.

4 다음 칠교판의 세 조각을 모두 사용하여 삼각형을 만들어 보세요.

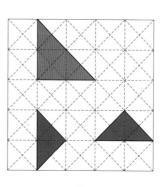

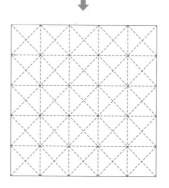

5 다음 칠교판의 세 조각을 모두 사용하여 사각형을 만들어 보세요.

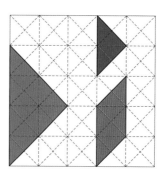

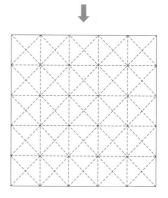

단원 2

5. 쌓은 모양 알아보기

교과서 개념을 이해하고 확인 문제를 통해 익혀요.

○ 쌓은 모양을 설명하는 말 알아보기

- 쌓기나무로 쌓은 모양에서 자신이 보고 있는 쪽이 앞, 오른손이 있는 쪽이 오른쪽입니다.

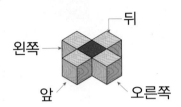

뒤
왼쪽
앞
오른쪽

○ 설명을 듣고 똑같이 쌓기

| 빨간색 쌓기나무의 앞쪽에 쌓기나무 1개 놓기 | |

↓

| 빨간색 쌓기나무의 왼쪽에 쌓기나무 1개 놓기 | |

↓

| 빨간색 쌓기나무의 위에 쌓기나무 1개 놓기 | |

개념잡기

쌓기나무의 방향을 설명할 때 내 앞에 있는 쪽을 쌓기나무의 앞쪽, 반대편을 뒤쪽, 오른손 쪽은 오른쪽, 왼손 쪽은 왼쪽으로 약속합니다.

개념확인 1

▣ 똑같은 모양으로 쌓아 보기

빨간색 쌓기나무의 왼쪽에 있는 쌓기나무는 ○표, 빨간색 쌓기나무의 위에 있는 쌓기나무는 △표 하세요.

앞   오른쪽

개념확인 2

▣ 똑같은 모양으로 쌓아 보기

설명대로 쌓은 모양에 ○표 하세요.

파란색 쌓기나무를 기준으로 쌓기나무가 왼쪽에 **2**개, 위에 **1**개 있습니다.

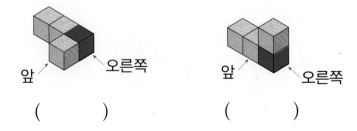

앞   오른쪽   앞   오른쪽

(   )   (   )

기본 문제를 통해 교과서 개념을 다져요.

1 오른쪽 쌓기나무를 쌓은 모양을 보고 바르게 설명한 사람의 이름을 쓰세요.

앞   오른쪽

빨간색 쌓기나무의 위에 쌓기나무 l개가 있어.

예슬

빨간색 쌓기나무의 왼쪽에 쌓기나무 l개가 있어.

유승

(   )

2 오른쪽 쌓기나무를 쌓은 모양에 대한 설명입니다. □ 안에 알맞은 말이나 수를 써넣으세요.

앞   오른쪽

초록색 쌓기나무가 l개 있고, 그 □ 에 쌓기나무가 l개 있습니다. 그리고 오른쪽에 쌓기나무가 □ 개 있습니다.

3 오른쪽 모양에서 파란색 쌓기나무의 앞에 쌓기나무 l개를 더 쌓은 사람은 누구인가요?

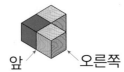

상연

지혜

(   )

4 쌓기나무를 쌓은 모양에 대한 설명으로 옳으면 ○표, 틀리면 ×표 하세요.

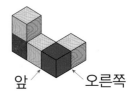

앞   오른쪽

(1) 파란색 쌓기나무의 뒤에 쌓기나무 l개가 있습니다. ············· (   )

(2) 빨간색 쌓기나무의 왼쪽에 쌓기나무 l개가 있습니다. ············· (   )

5 빨간색 쌓기나무의 앞에 있는 쌓기나무를 찾아 ○표 하세요.

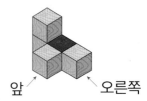

앞   오른쪽

중요

6 다음 모양을 주어진 조건에 맞게 색칠해 보세요.

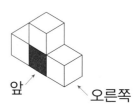

앞   오른쪽

• 빨간색 쌓기나무의 왼쪽에 노란색 쌓기나무 l개가 있습니다.
• 빨간색 쌓기나무의 오른쪽에 파란색 쌓기나무 l개가 있습니다.
• 빨간색 쌓기나무의 위에 초록색 쌓기나무 l개가 있습니다.

단원 2

○ 쌓기나무 3개로 모양 만들기

쌓기나무 **2**개를 나란히 놓고 한 개의 쌓기나무를 서로 다른 위치에 놓으면 서로 다른 모양이 됩니다.

○ 쌓기나무 4개로 모양 만들기

쌓기나무 **3**개를 모양으로 놓고 한 개의 쌓기나무를 서로 다른 위치에 놓으면 서로 다른 모양이 됩니다.

○ 쌓기나무 5개로 모양 만들기

쌓기나무 **4**개를 [   ] 모양으로 놓고 한 개의 쌓기나무를 서로 다른 위치에 놓으면 서로 다른 모양이 됩니다.

개념잡기

서로 다르게 보이더라도 여러 방향으로 돌리거나 뒤집으면 같은 모양이 되는 것이 있습니다.

1
개념확인

☐ 똑같은 모양으로 쌓아 보기

보기 와 똑같은 모양으로 쌓은 것을 찾아 기호를 쓰세요.

보기

ㄱ 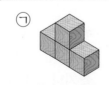   ㄴ   ㄷ

(   )

기본 문제를 통해 교과서 개념을 다져요.

1 보기와 똑같은 모양으로 쌓은 것을 찾아 기호를 쓰세요.

보기
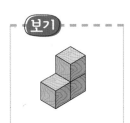

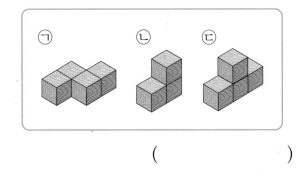

(   )

2 쌓기나무로 여러 가지 모양을 만든 것입니다. 물음에 답하세요.

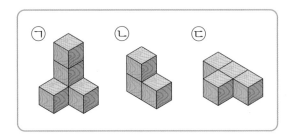

(1) 쌓기나무 **3**개로 만들어진 것을 찾아 기호를 쓰세요.

(   )

(2) 쌓기나무 **4**개로 만들어진 것을 찾아 기호를 쓰세요.

(   )

(3) 쌓기나무 **5**개로 만들어진 것을 찾아 기호를 쓰세요.

(   )

3 여러 방향으로 돌렸을 때 서로 같은 모양이 되는 것을 찾아 선으로 이어 보세요.

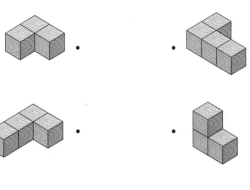

4 왼쪽 모양에서 쌓기나무 **1**개를 옮겨 오른쪽과 똑같은 모양을 만들려고 합니다. 왼쪽 모양에서 옮겨야 할 쌓기나무에 ○표 하세요.

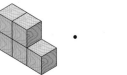
앞   오른쪽

중요

5 오른쪽 그림과 같이 쌓기나무로 쌓은 모양에 대한 설명입니다. □ 안에 알맞은 말을 써 넣으세요.

앞   오른쪽

1층에 쌓기나무 **3**개가 옆으로 나란히 있고, 오른쪽 쌓기나무의 □과 왼쪽 쌓기나무의 □에 쌓기나무가 **1**개씩 있습니다.

유형 **1** 삼각형 알아보기

• 삼각형 : **3**개의 곧은 선으로 둘러싸인 도형

대표유형

1-1 □ 안에 알맞은 말을 써넣으세요.

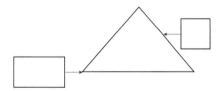

1-2 삼각형을 찾을 수 있는 물건을 모두 고르세요. (   )

①

②

③

④

⑤

1-3 점 종이 위에 주어진 선을 한 변으로 하는 삼각형을 그려 보세요.

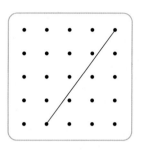

1-4 도형을 보고 □ 안에 알맞은 수를 써넣으세요.

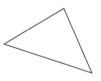

	변	꼭짓점
수	□개	□개

1-5 오른쪽 삼각형에서 찾을 수 있는 크고 작은 삼각형은 모두 몇 개인가요?

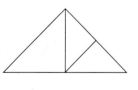

(   )개

유형 2 사각형 알아보기

• 사각형 : **4**개의 곧은 선으로 둘러싸인 도형

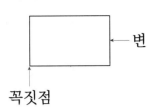

변

꼭짓점

2-1 곧은 선 **4**개로 둘러싸인 도형을 찾아 기호를 쓰세요.

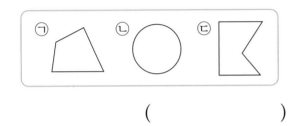

( )

2-2 □ 안에 알맞은 말을 써넣으세요.

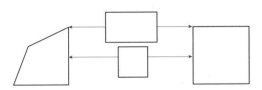

2-3 사각형은 모두 몇 개인지 구하세요.

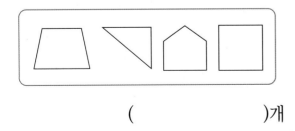

( )개

2-4 점 종이의 점을 이어 서로 다른 사각형을 **2**개 그려 보세요.

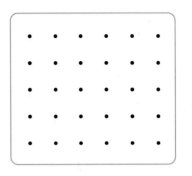

2-5 도형을 보고 □ 안에 알맞은 수를 써넣으세요.

	변	꼭짓점
수	□개	□개

2-6 사각형에 대한 설명으로 옳지 <u>않은</u> 것은 어느 것인가요? ( )

① 변은 **4**개입니다.
② 수학책 모양입니다.
③ 꼭짓점은 **4**개입니다.
④ 곧은 선으로 둘러싸여 있습니다.
⑤ 삼각자 모양을 본뜬 것입니다.

유형3 **원 알아보기**

- 원 : 음료수 캔, 컵, 동전 등의 동그란 모양이 있는 물건의 본을 떠 그린 동그란 모양의 도형

- 원의 특징
  ① 뾰족한 점이 없습니다.
  ② 굽은 선으로만 둘러싸여 있습니다.
  ③ 크기는 다르지만 모양은 같습니다.

대표유형

3-1 그림과 같이 본을 떠서 그린 도형을 무엇이라고 하나요?

( )

3-2 원을 본뜰 수 있는 물건을 찾아 기호를 쓰세요.

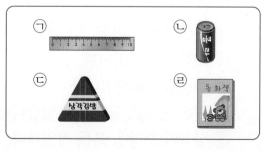

( )

3-3 원은 어느 것인가요? ( )

3-4 곧은 선과 뾰족한 점이 <u>없는</u> 도형을 찾아 기호를 쓰세요.

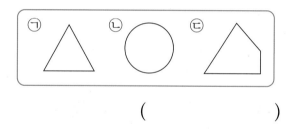

( )

3-5 원에 대한 설명으로 바른 것은 어느 것인가요? ( )

① 곧은 선이 **1**개입니다.
② 뾰족한 점이 **0**개입니다.
③ 곧은 선으로 둘러싸여 있습니다.
④ 책 모양을 본뜬 것입니다.
⑤ 크기도 다르고 모양도 다릅니다.

유형 4 칠교판으로 모양 만들기

칠교판의  세 조각을 모두 사용하여 삼각형 만들기

예

대표유형

👑 칠교판을 보고 물음에 답하세요. [4-1~4-2]

4-1 칠교판의 조각에서 삼각형과 사각형 중 어느 것이 몇 개 더 많은지 구하세요.

(   ), (   )개

4-2 칠교판의  세 조각을 모두 사용하여 다음 도형을 만들어 보세요.

4-3 칠교판의 네 조각을 모두 사용하여 사각형을 만들어 보세요.

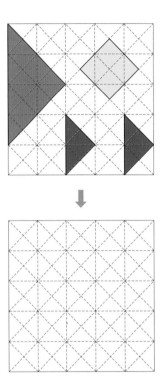

4-4 칠교판의 네 조각을 모두 사용하여 다음 도형을 만들어 보세요.

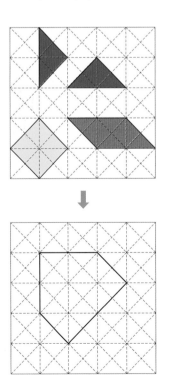

유형 5 쌓은 모양 알아보기

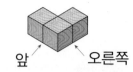

쌓기나무 **2**개를 옆으로 나란히 놓고, 오른쪽 쌓기나무의 뒤에 쌓기나무 **1**개를 놓았습니다.

👑 모양에 대한 설명을 보고 쌓은 모양을 찾아 기호를 쓰세요. [**5**-1 ~ **5**-2]

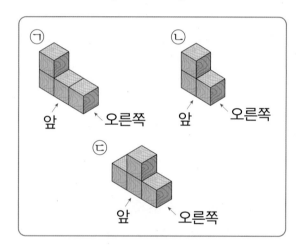

5-1 계단 모양으로 **1**층에 **2**개, **2**층에 **1**개를 놓았습니다.

(   )

5-2 **1**층에 **3**개를 쌓고, 왼쪽 쌓기나무의 위에 **1**개를 놓았습니다.

(   )

유형 6 여러 가지 모양으로 쌓아보기

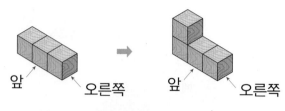

왼쪽 모양을 오른쪽 모양과 똑같이 쌓으려면 가장 왼쪽 쌓기나무 위에 쌓기나무 **1**개를 더 쌓아야 합니다.

6-1 유승이는 쌓기나무 **4**개를 가지고 있습니다. 다음 모양과 똑같이 쌓으려면 쌓기나무는 몇 개가 더 있어야 하나요?

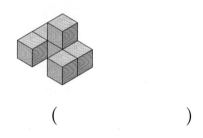

(   )

6-2 쌓기나무로 쌓은 모양에 대한 설명입니다. 틀린 부분을 찾아 밑줄을 긋고 바르게 고쳐 보세요.

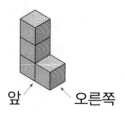

쌓기나무 **1**개를 놓고, 그 쌓기나무 오른쪽에 쌓기나무 **3**개를 쌓았습니다.

(   )

👑 도형을 보고 물음에 답하세요. [1~2]

1 꼭짓점과 변이 각각 **4**개인 도형을 모두 찾아 기호를 쓰세요.

(   )

2 위 **1**번과 같은 도형의 이름을 쓰세요.

(   )

3 점 종이의 점을 이어 삼각형과 사각형을 각각 **1**개씩 그려 보세요.

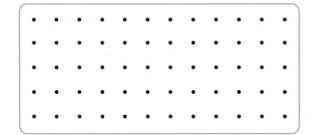

4 본뜬 모양이 원이 될 수 있는 물건을 주변에서 찾아 **3**가지만 써 보세요.

(   )

단원
2

5 원에 대한 설명입니다. 잘못된 것을 찾아 기호를 쓰세요.

> ㉠ 변은 없습니다.
> ㉡ 동그란 모양입니다.
> ㉢ 원의 모양과 크기는 모두 같습니다.
> ㉣ 동전을 본 떠 원을 그릴 수 있습니다.

(   )

6 원을 이용하여 재미있는 그림을 그려 보세요.

7 세 점을 곧은 선으로 이어서 만들 수 있는 삼각형은 모두 몇 개인지 구하세요.

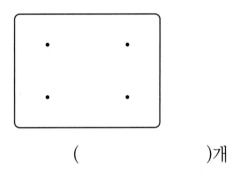

(   )개

8 삼각형, 사각형, 원의 꼭짓점의 수를 합하면 모두 몇 개인지 구하세요.

(   )개

9 삼각형 **2**개, 사각형 **1**개로 만들어진 모양을 모두 찾아 기호를 쓰세요.

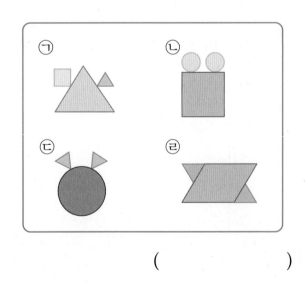

(   )

10 삼각형이 들어 있지 <u>않은</u> 그림을 찾아 기호를 쓰세요.

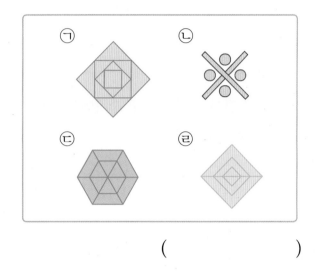

(   )

11 그림에서 가장 많이 사용한 도형의 개수와 가장 적게 사용한 도형의 개수의 차를 구하세요.

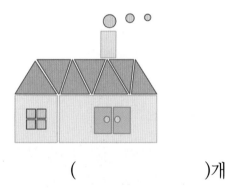

(   )개

12 그림에서 찾을 수 있는 크고 작은 사각형은 모두 몇 개인지 구하세요.

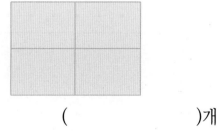

(   )개

색종이를 점선에 따라 자르려고 합니다. 물음에 답하세요. [13~15]

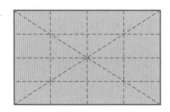

13 색종이를 점선을 따라 잘랐을 때 생기는 삼각형은 몇 개인지 구하세요.

( )개

14 색종이를 점선을 따라 잘랐을 때 생기는 사각형은 몇 개인지 구하세요.

( )개

15 색종이를 점선을 따라 잘랐을 때 생기는 삼각형과 사각형 중 어떤 도형이 몇 개 더 많은지 구하세요.

( ), ( )개

16 칠교판의 네 조각을 모두 사용하여 다음 도형을 만들어 보세요.

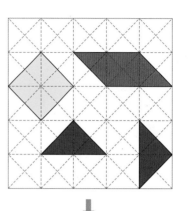

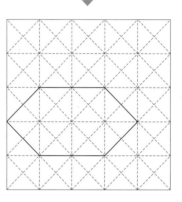

17 다음 도형의 이름을 쓰세요.

(1) | 삼각형보다 꼭짓점의 수가 1개 더 많은 도형

( )

(2) | 사각형보다 변의 수가 1개 더 적은 도형

( )

18 왼쪽 모양에서 쌓기나무 1개를 옮겨 오른쪽과 똑같은 모양을 만들려고 합니다. 옮겨야 할 쌓기나무는 어느 것인지 왼쪽 그림에서 ○표 하세요.

19 다음 설명에 알맞은 쌓기나무 모양을 찾아 기호를 쓰세요.

> • 1층의 쌓기나무의 수는 **4**개입니다.
> • **3**층으로 쌓았습니다.

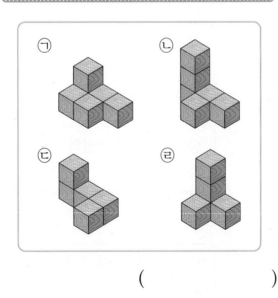

( )

20 쌓기나무 한 개를 더 쌓았을 때 보기의 모양과 같아질 수 있는 모양을 찾아 기호를 쓰세요.

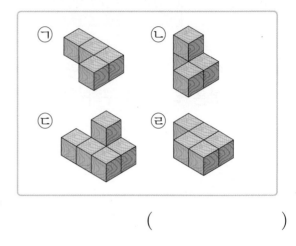

( )

21 쌓기나무 **5**개로 쌓은 모양에 대한 설명이 틀린 부분을 찾아 밑줄을 긋고, 바르게 고쳐 보세요.

앞   오른쪽

> 1층에 쌓기나무 **3**개를 옆으로 나란히 놓고, 가운데 쌓기나무의 위에 쌓기나무 **3**개를 더 놓았습니다.

( )

서술 유형 익히기

주어진 풀이 과정을 함께 해결하면서
서술형 문제의 해결 방법을 익혀요.

유형 **1**

다음 도형이 삼각형이 <u>아닌</u> 이유를 설명하세요.

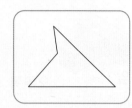

설명 삼각형은 변이 ☐개, 꼭짓점이 ☐개입니다.

주어진 도형은 변이 ☐개, 꼭짓점이 ☐개입니다.

따라서 삼각형이 아닙니다.

예제 **1**

다음 도형이 사각형이 <u>아닌</u> 이유를 설명하세요. [4점]

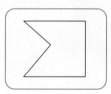

설명 _____

_____

_____

_____

_____

유형 **2**

쌓기나무로 쌓은 모양을 보고 쌓은 방법을 설명해 보세요.

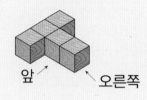

앞 → ← 오른쪽

설명 쌓기나무 **3**개를 옆으로 나란히 놓고, (왼쪽, 오른쪽) 쌓기나무의 앞과 뒤에

쌓기나무를 각각 ☐ 개씩 놓습니다.

예제 **2**

쌓기나무로 쌓은 모양을 보고 쌓은 방법을 설명해 보세요. [4점]

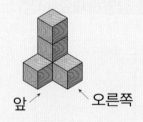

앞 → ← 오른쪽

설명

_____

_____

_____

_____

👑 영수와 동민이는 칠교판을 사용하여 여러 가지 모양을 만드는 놀이를 하고 있습니다. 물음에 답하세요. [1~2]

1 영수는 칠교판의 **7**조각을 모두 사용하여 다음과 같이 여우를 만들려고 합니다. 여우의 얼굴을 완성하세요.

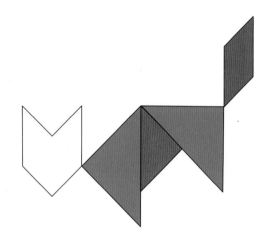

2 동민이는 칠교판의 **7**조각을 모두 사용하여 다음과 같이 배를 만들려고 합니다. 배의 나머지 부분을 완성하세요.

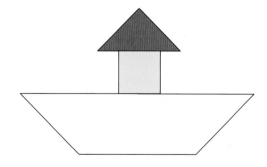

1 □ 안에 알맞은 말을 써넣으세요.
(3)점

> **3**개의 곧은 선으로 둘러싸인 도형
> 을 [ ]이라고 합니다.

2 삼각형을 모두 찾아 기호를 쓰세요.
(3)점

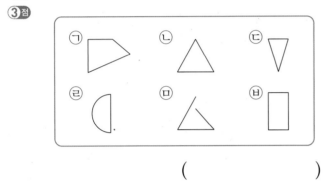

( )

3 사각형과 관계있는 것을 모두 고르세요.
(4)점 ( )

① **3**개의 변으로 둘러싸여 있습니다.
② **4**개의 변으로 둘러싸여 있습니다.
③ 꼭짓점이 **3**개 있습니다.
④ 꼭짓점이 **4**개 있습니다.
⑤ 동그란 모양의 도형입니다.

4 사각형을 모두 고르세요. ( )
(4)점

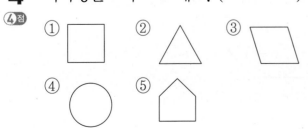

5 원을 본뜰 수 있는 것을 모두 고르세요.
(4)점 ( )

6 원은 모두 몇 개인지 구하세요.
(4)점

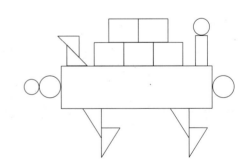

( )개

7 그림에서 원을 모두 찾아 색칠해 보세요.
(4)점

8 어떤 도형에 대한 설명인지 쓰세요.
(4)점

> • 곧은 선이 없습니다.
> • 변과 꼭짓점이 없습니다.
> • 크기는 다르지만 모양은 같습니다.

( )

9 색종이를 점선을 따라 자르면 모든 조각들의 모양이 사각형인 것을 모두 고르세요. (   )

(4점)

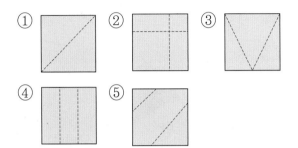

10 색종이를 잘라서 만든 것입니다. 삼각형, 사각형, 원은 각각 몇 개인지 □ 안에 알맞은 수를 써넣으세요.

(4점)

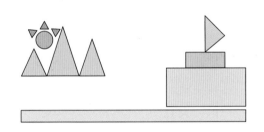

삼각형	사각형	원
□ 개	□ 개	□ 개

11 점 종이의 점을 이어 삼각형과 사각형을 각각 l개씩 그려 보세요.

(4점)

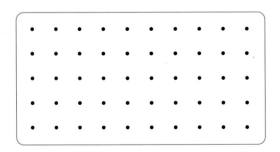

12 주어진 곧은 선 l개를 한 변으로 하는 사각형을 그리려고 합니다. 더 그어야 할 곧은 선은 몇 개인가요?

(4점)

(   )

13 꼭짓점이 가장 많은 도형부터 순서대로 기호를 쓰세요.

(4점)

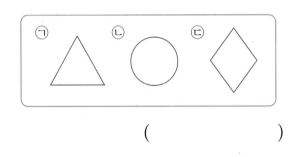

(   )

14 그림에서 가장 많이 사용한 도형은 가장 적게 사용한 도형보다 몇 개 더 많은지 구하세요.

(4점)

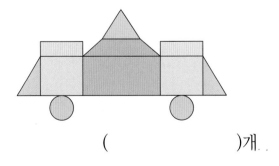

(   )개

단원
2

15 칠교 조각이 삼각형이면 빨간색, 사각
4점 형이면 노란색으로 색칠해 보세요.

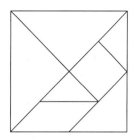

16 칠교판의 〔평행사변형〕, 〔삼각형〕, 〔삼각형〕 세
4점 조각을 모두 사용하여 다음 도형을 만들
어 보세요.

삼각형	사각형
△	▭

17 다음 칠교판의 네 조각을 모두 사용하여
4점 도형을 만들어 보세요.

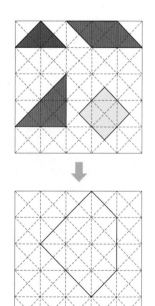

👑 **쌓은 모양에서 위치를 찾아 ○표 하세요.**
[18~19]

18 빨간색 쌓기나무의 왼쪽에 있는 쌓기
4점 나무

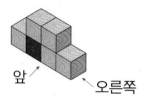

19 빨간색 쌓기나무의 위에 있는 쌓기나무
4점

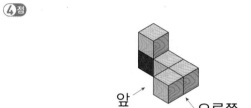

20 왼쪽 모양을 오른쪽 모양과 똑같이
4점 만들려고 합니다. 빼내야 할 쌓기나무는
어느 것인지 기호를 쓰세요.

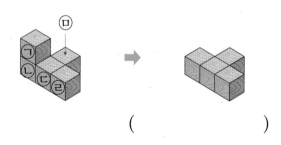

(   )

21 쌓기나무를 사용하여 오른쪽 모양을
4점 왼쪽 모양과 똑같이 쌓으려고 합니다.
쌓기나무는 몇 개 더 필요한지 구하세요.

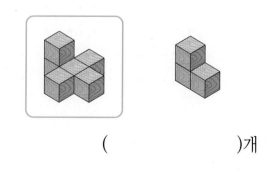

(   )개

서술형

22 다음 도형이 원이 <u>아닌</u> 이유를 설명하세
④점 요.

풀이

24 색종이를 그림과 같이 **3**번 접어서 펼친
⑤점 후 접은 선을 따라 잘랐을 때 생기는
도형의 이름과 개수를 구하려고 합니다.
풀이 과정을 쓰고 답을 구하세요.

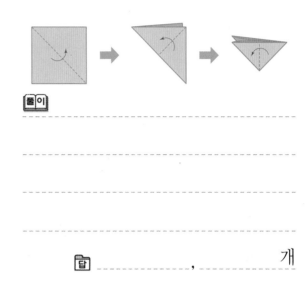

풀이

답 _____ , _____ 개

23 그림에서 찾을 수 있는 크고 작은 사
⑤점 각형은 모두 몇 개인지 풀이 과정을
쓰고 답을 구하세요.

풀이

답 _____ 개

25 쌓기나무 **5**개로 쌓은 모양을 보고 쌓은
④점 방법을 설명해 보세요.

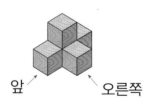

앞 →   ← 오른쪽

풀이

웅이는 색종이를 점선을 따라 잘라서 여러 가지 도형을 만들고, 만든 도형을 이용하여 재미있는 모양을 만들어 보려고 합니다. 물음에 답하세요. [1~2]

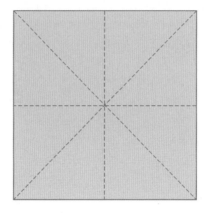

① 색종이를 점선을 따라 자르면 어떤 도형이 몇 개 만들어지나요?

(   ), (   )개

② 자른 도형을 이용하여 재미있는 모양을 만들어 보세요.

도형 고쳐요!

도형들이 사는 동네에 병원이 생겼어요. 그 병원 문 앞에는 이런 간판이 붙어 있어요. '도형 고쳐요'

"무슨 병원 이름이 저래? 수선집 같은 이름이잖아!"

"도형들은 튼튼해서 병원에 갈 일이 없을텐데, 저 병원은 곧 문을 닫을 거야!"

병원 앞을 지나는 도형들은 한 마디씩 했어요. '도형 병원'이라든지 '삼각형 병원', '사각형 병원' 같은 이름이 더 어울린다고 생각했거든요. 그래서 아무도 그 병원에 가지 않을 거라고 생각했어요.

그런데 웬걸요! 병원 문이 닳도록 많은 도형들이 들락거렸어요.

제일 먼저 병원 문을 열고 들어간 도형은 원이었어요.

커다란 공에 맞아 머리가 찌그러진 원은

"선생님, 제가 집에 갔더니 엄마가 저를 몰라보시는 거에요. 너처럼 생긴 원은 내 아들이 아니라면서 나가라고 하셨어요."

라고 하면서 눈물을 뚝뚝 흘렸어요.

"걱정 마. 내가 어루만져 주면 넌 다시 원이 될 수 있어. 엄마가 널 기다리고 계실테니 얼른 가보렴."

정말 의사 선생님의 말이 끝나자마자 찌그러진 원은 다시 원이 되었어요. 어떻게 고치셨을까요?

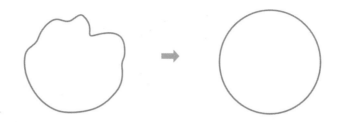

어제는 삼각형 형제들이 들것에 실려 왔어요. 하지만 의사 선생님은 별로 놀라지도 않으시고는 "변과 변은 떨어지면 안 돼. 그러면 꼭짓점이 없어지잖니!"하시면서 꼭짓점이 생기도록 뚝 떨어진 변끼리 이어 붙여 주셨어요.

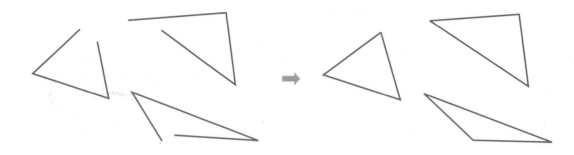

어느 날은 아주 늦게까지 병원의 불이 꺼지질 않았어요. 도형들은 병원 문 앞에서 수군거리며 낮에 들어간 환자가 나오기를 기다리고 있었어요. 그 환자의 이름을 알 수가 없어서 어떤 모습으로 고쳐주실지 정말 궁금했거든요.

자기 이름을 몰라서 쩔쩔 매던 도형 환자는 활짝 웃으면서 병원 문을 열고 나왔어요. 병원에 들어간 지 딱 **5**시간 만에요. 의사 선생님은 이름을 모르는 이 도형에게 사각형이라는 이름을 지어 주셨답니다.

😀 의사 선생님은 왜 사각형이라는 이름을 지어 주셨는지 말해 보세요.

3 단원 덧셈과 뺄셈

이번에 배울 내용

1 덧셈을 하는 여러 가지 방법(1)

2 덧셈을 하는 여러 가지 방법(2)

3 덧셈을 하기

4 뺄셈을 하는 여러 가지 방법(1)

5 뺄셈을 하는 여러 가지 방법(2)

6 뺄셈을 하기

7 세 수의 계산

8 덧셈과 뺄셈의 관계를 식으로 나타내기

9 □가 사용된 식을 만들고 □의 값 구하기

< 이전에 배운 내용

• 받아올림이 없는 두 자리 수의 덧셈
• 받아내림이 없는 두 자리 수의 뺄셈

> 다음에 배울 내용

• 세 자리 수의 덧셈
• 세 자리 수의 뺄셈

○ 18+5의 계산

〈방법 1〉 이어 세기로 구하기

18 19 20 21 22 23 ➡ 18+5=23

〈방법 2〉 더하는 수만큼 △를 그려 구하기

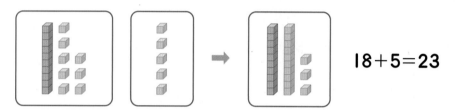

➡ 18+5=23

〈방법 3〉 수 모형으로 구하기

18+5=23

개념잡기

일의 자리의 수끼리의 합에서 10묶음의 개수는 십의 자리에 받아올림 표시로 나타내 줍니다.

---

1 개념확인

📖 덧셈을 하는 여러 가지 방법(1)

그림을 보고 덧셈을 하세요.

(1)

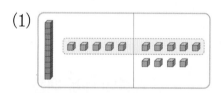

15+9= ☐

(2)

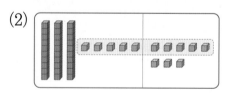

35+8= ☐

---

2 개념확인

📖 덧셈을 하는 여러 가지 방법(1)

덧셈을 하는 과정을 나타낸 것입니다. ☐ 안에 알맞은 숫자를 써넣으세요.

```
    4  3          ☐            ☐
+      9      +  4  3     +  4  3
─────────         9            9
             ─────────    ─────────
                  ☐         ☐  ☐
```
➡   ➡

기본 문제를 통해 교과서 개념을 다져요.

❶ 27+4를 더하는 수인 **4**만큼 이어 세어 구하려고 합니다. □ 안에 알맞은 수를 써넣으세요.

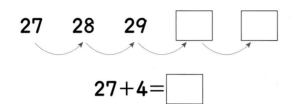

27   28   29   □   □

27+4=□

❷ 19+6을 더하는 수인 **6**만큼 △를 그려 서 구하려고 합니다. □ 안에 알맞은 수 를 써넣으세요.

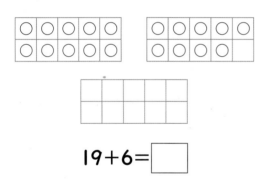

19+6=□

❸ 그림을 보고 덧셈을 하세요.

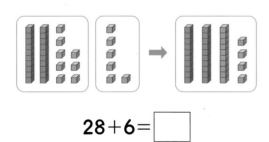

28+6=□

❹ □ 안에 알맞은 숫자를 써넣으세요.

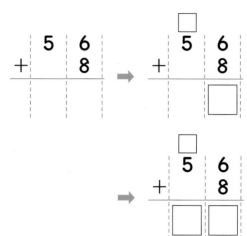

단원
3

❺ □ 안에 알맞은 숫자를 써넣으세요.

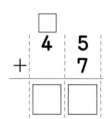

```
    □
    4 5
  +   7
  □ □
```

❻ 덧셈을 하세요.

(1)
```
    2 8
  +   4
```

(2)
```
    6 2
  +   8
```

⊙ 28+16의 계산

〈방법 1〉 16을 십의 자리 수와 일의 자리 수로 가르기하여 더하기

$$28 + 16 = 28 + 10 + 6$$
$$10 \quad 6$$
$$= 38 + 6$$
$$= 44$$

〈방법 2〉 16에서 2를 옮겨 28을 30으로 만들어 더하기

$$28 + 16 = 28 + 2 + 14$$
$$2 \quad 14$$
$$= 30 + 14$$
$$= 44$$

〈방법 3〉 28과 16을 각각 십의 자리 수와 일의 자리 수로 가르기하여 더하기

$$28 + 16 = 20 + 10 + 8 + 6$$
$$20 \quad 8 \quad 10 \quad 6$$
$$= 30 + 14$$
$$= 44$$

〈방법 4〉 일의 자리에서 받아올림하여 더하기

$$\begin{array}{r} 28 \\ +16 \\ \hline \end{array} \Rightarrow \begin{array}{r} {}^{1}28 \\ +16 \\ \hline 4 \end{array} \Rightarrow \begin{array}{r} {}^{1}28 \\ +16 \\ \hline 44 \end{array}$$

일의 자리 숫자끼리의 합이 10이거나
10보다 크면 십의 자리로 받아올림합니다.

개념잡기

◇ 받아올림이 있는 덧셈

$$\begin{array}{r} 57 \\ +15 \\ \hline 72 \end{array} \quad 7+3=10$$

각 자리 숫자끼리의 합이 10과 같거나 10보다 크면 바로 윗자리로 받아올림하여 계산합니다.

참고 각 자리에서 받아올림한 수는 바로 윗자리 숫자 위에 작게 표시하여 잊지 않고 계산합니다.

---

1 개념확인

📖 덧셈을 하는 여러 가지 방법(2)

그림을 보고 덧셈을 하세요.

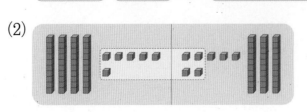

(1) $27 + 25 = \boxed{}$

(2) $46 + 37 = \boxed{}$

1 26＋24에서 24를 20과 4로 가르기 하여 더하려고 합니다. □ 안에 알맞은 수를 써넣으세요.

$$26＋24＝26＋20＋\boxed{}$$
$$＝46＋\boxed{}$$
$$＝\boxed{}$$

2 47＋19를 재호와 같은 방법으로 계산 해 보세요.

재호

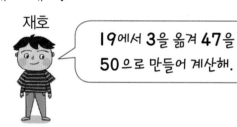

19에서 3을 옮겨 47을 50으로 만들어 계산해.

$$47＋19＝47＋3＋\boxed{}$$
$$＝50＋\boxed{}$$
$$＝\boxed{}$$

3 그림을 보고 덧셈을 하세요.

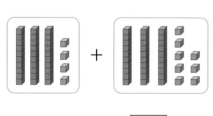

$$34＋38＝\boxed{}$$

4 □ 안에 알맞은 숫자를 써넣으세요.

$$\begin{array}{r} 2\,7 \\ +\,3\,5 \\ \hline \end{array}$$ ⇒ $$\begin{array}{cc} & \boxed{} \\ 2 & 7 \\ +\quad 3 & 5 \\ \hline & \boxed{} \end{array}$$

⇒ $$\begin{array}{cc} \boxed{} & \\ 2 & 7 \\ +\quad 3 & 5 \\ \hline \boxed{} & \boxed{} \end{array}$$

5 □ 안에 알맞은 숫자를 써넣으세요.

$$\begin{array}{cc} \boxed{} & \\ 5 & 6 \\ +\quad 2 & 7 \\ \hline \boxed{} & \boxed{} \end{array}$$

6 덧셈을 하세요.

(1) $$\begin{array}{r} 4\,8 \\ +\,3\,9 \\ \hline \end{array}$$ (2) $$\begin{array}{r} 3\,4 \\ +\,3\,7 \\ \hline \end{array}$$

(3) 71＋19   (4) 65＋26

단원 **3**

● 십의 자리에서 받아올림이 있는 (두 자리 수)+(두 자리 수)

$$
\begin{array}{r} 47 \\ +82 \\ \hline 9 \end{array}
\;\Rightarrow\;
\begin{array}{r} {}^{1}47 \\ +82 \\ \hline 29 \end{array}
\;\Rightarrow\;
\begin{array}{r} {}^{1}47 \\ +82 \\ \hline 129 \end{array}
$$

➡ 십의 자리에서 받아올림한 수는 백의 자리 위에 작게 나타냅니다.

● 일의 자리, 십의 자리에서 받아올림이 있는 (두 자리 수)+(두 자리 수)

$$
\begin{array}{r} {}^{1}63 \\ +49 \\ \hline 2 \end{array}
\;\Rightarrow\;
\begin{array}{r} {}^{11}63 \\ +49 \\ \hline 12 \end{array}
\;\Rightarrow\;
\begin{array}{r} {}^{1}63 \\ +49 \\ \hline 112 \end{array}
$$

➡ 일의 자리 계산에서 받아올림한 수는 십의 자리 위에 작게 나타내고,
　 십의 자리 계산에서 받아올림한 수는 백의 자리 위에 작게 나타냅니다.

개념잡기

● 받아올림이 있는 덧셈

$$
\begin{array}{r} {}^{1}63 \\ +59 \\ \hline 122 \end{array}
$$

3+7=10
1+6+5=12

각 자리 숫자끼리의 합이 10과 같거나 10보다 크면 바로 윗자리로 받아올림하여 계산합니다.

[참고] 각 자리에서 받아올림한 수는 바로 윗자리 숫자 위에 작게 표시하여 잊지 않고 계산합니다.

1
개념확인

📋 십의 자리에서 받아올림이 있는 (두 자리 수)+(두 자리 수)

그림을 보고 덧셈을 하세요.

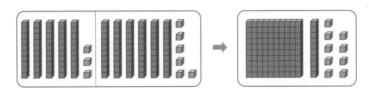

$$53+66=\boxed{}$$

2
개념확인

📋 일의 자리, 십의 자리에서 받아올림이 있는 (두 자리 수)+(두 자리 수)

그림을 보고 덧셈을 하세요.

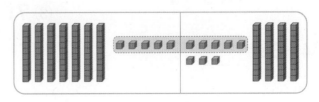

$$75+48=\boxed{}$$

기본 문제를 통해 교과서 개념을 다져요.

1 □ 안에 알맞은 숫자를 써넣으세요.

$$
\begin{array}{r}
8\ 1 \\
+\ 3\ 4 \\
\end{array}
\Rightarrow
\begin{array}{r}
8\ |\ 1 \\
+\ 3\ |\ 4 \\
\hline
\ |\ \square \\
\end{array}
$$

$$
\Rightarrow
\begin{array}{r}
\square \\
8\ |\ 1 \\
+\ 3\ |\ 4 \\
\hline
\square\ \square\ \square \\
\end{array}
$$

2 □ 안에 알맞은 숫자를 써넣으세요.

$$
\begin{array}{r}
\square \\
6\ |\ 3 \\
+\ 7\ |\ 5 \\
\hline
\square\ \square\ \square \\
\end{array}
$$

3 덧셈을 하세요.

(1)
$$
\begin{array}{r}
8\ 7 \\
+\ 5\ 1 \\
\end{array}
$$

(2)
$$
\begin{array}{r}
5\ 6 \\
+\ 6\ 2 \\
\end{array}
$$

(3) 85+33

(4) 64+45

4 □ 안에 알맞은 숫자를 써넣으세요.

$$
\begin{array}{r}
3\ 4 \\
+\ 6\ 9 \\
\end{array}
\Rightarrow
\begin{array}{r}
\square \\
3\ |\ 4 \\
+\ 6\ |\ 9 \\
\hline
\ |\ \square \\
\end{array}
$$

$$
\Rightarrow
\begin{array}{r}
\square\ \square \\
3\ |\ 4 \\
+\ 6\ |\ 9 \\
\hline
\square\ \square\ \square \\
\end{array}
$$

5 □ 안에 알맞은 숫자를 써넣으세요.

$$
\begin{array}{r}
\square\ \square \\
7\ |\ 6 \\
+\ 5\ |\ 8 \\
\hline
\square\ \square\ \square \\
\end{array}
$$

6 덧셈을 하세요.

(1)
$$
\begin{array}{r}
9\ 9 \\
+\ 7\ 6 \\
\end{array}
$$

(2)
$$
\begin{array}{r}
5\ 7 \\
+\ 4\ 8 \\
\end{array}
$$

(3) 72+39

(4) 38+95

단원 3

유형 1 받아올림이 있는 (두 자리 수)+(한 자리 수)

• **43+8**의 계산

$$\begin{array}{r} 1 \\ 4\ 3 \\ +\quad 8 \\ \hline 5\ 1 \end{array} \quad 3+8=11$$

일의 자리 숫자끼리 더하여 **10**이거나 **10**을 넘으면 받아올림하여 계산합니다.

1-1 그림을 보고 덧셈을 하세요.

$$26+7=\boxed{}$$

1-2 그림을 보고 알맞은 덧셈식을 쓰고 답을 구하세요.

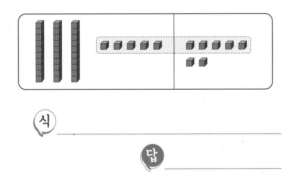

식 _____

답 _____

1-3 계산해 보세요.

(1)
$$\begin{array}{r} 4\ 9 \\ +\quad 5 \\ \hline \end{array}$$

(2)
$$\begin{array}{r} 5\ 8 \\ +\quad 3 \\ \hline \end{array}$$

(3) **18+9**

(4) **37+6**

📖 시험에 잘 나와요

1-4 오른쪽 덧셈에서 $\boxed{1}$이 실제로 나타내는 값은 얼마인가요?

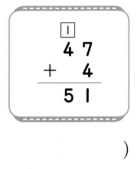

$$\begin{array}{r} \boxed{1} \\ 4\ 7 \\ +\quad 4 \\ \hline 5\ 1 \end{array}$$

(   )

1-5 두 수의 합을 구하세요.

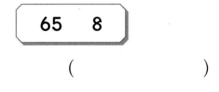

| 65 | 8 |

(   )

1-6 빈 곳에 알맞은 수를 써넣으세요.

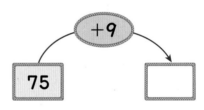

1-7 계산 결과로 알맞은 것과 선으로 이어 보세요.

42+9 •		• 51
		• 61
55+6 •		• 71

1-8 크기를 비교하여 ○ 안에 >, <를 알맞게 써넣으세요.

$$46+8 \quad \bigcirc \quad 55$$

1-9 다음이 나타내는 수를 구하세요.

77보다 5만큼 더 큰 수

( )

1-10 계산 결과가 가장 큰 것부터 순서대로 기호를 쓰세요.

⊙ 37+4 ⓒ 38+5 ⓒ 36+6

( )

1-11 예슬이는 동화책을 66쪽까지 읽었습니다. 7쪽을 더 읽으면 이 동화책을 다 읽을 수 있습니다. 동화책은 모두 몇 쪽인가요?

( )

유형 2 (두 자리 수)+(두 자리 수)(1)

• 25+38의 계산

$$\begin{array}{r} 2\,5 \\ +\,3\,8 \\ \hline \end{array} \Rightarrow \begin{array}{r} \overset{1}{2}\,5 \\ +\,3\,8 \\ \hline 3 \end{array} \Rightarrow \begin{array}{r} \overset{1}{2}\,5 \\ +\,3\,8 \\ \hline 6\,3 \end{array}$$

• 33+19의 계산

33+19=52   33+19=52
  ①   ①
  43   40
    ②   ②
    52   12
                   ③
                   52

2-1 계산 과정을 보고 ①, ②에 알맞은 수를 각각 구하세요.

59+24
  ①
    ②

① ( )

② ( )

2-2 □ 안에 알맞은 수를 써넣으세요.

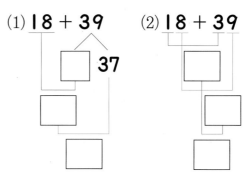

(1) 18 + 39   (2) 18 + 39

2-3 34＋29를 [보기]와 같은 방법으로 계산하세요.

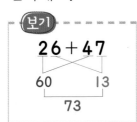

34＋29

2-4 그림을 보고 □ 안에 알맞은 수를 써넣으세요.

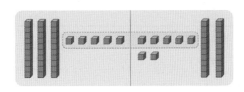

35＋27＝□

2-5 □ 안에 알맞은 숫자를 써넣으세요.

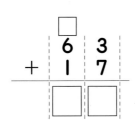

대표유형

2-6 덧셈을 하세요.

(1) 2 9
   ＋4 6

(2) 3 8
   ＋5 7

2-7 빈 곳에 알맞은 수를 써넣으세요.

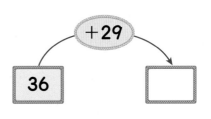

2-8 빈칸에 알맞은 수를 써넣으세요.

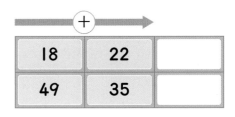

2-9 □ 안에 알맞은 숫자를 써넣으세요.

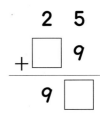

⚠ 잘 틀려요

2-10 영수는 노란 색종이 **57**장, 파란 색종이 **25**장을 가지고 있습니다. 영수가 가지고 있는 색종이는 모두 몇 장인가요?

(　　　　　)장

유형 3 (두 자리 수)+(두 자리 수)(2)

• 65+48의 계산

$$\begin{array}{r} 6\ 5 \\ +\ 4\ 8 \\ \hline \end{array} \Rightarrow \begin{array}{r} 6\ 5 \\ +\ 4\ 8 \\ \hline 3 \end{array} \Rightarrow \begin{array}{r} 6\ 5 \\ +\ 4\ 8 \\ \hline 1\ 1\ 3 \end{array}$$

3-1 그림을 보고 □ 안에 알맞은 수를 써넣으세요.

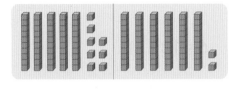

58+62= □

3-2 □ 안에 알맞은 숫자를 써넣으세요.

$$\begin{array}{r} \square\ \square \\ 7\ 5 \\ +\ 8\ 6 \\ \hline \square\ \square\ \square \end{array}$$

【대표유형】

3-3 덧셈을 하세요.

(1)
$$\begin{array}{r} 3\ 7 \\ +\ 4\ 8 \\ \hline \end{array}$$

(2)
$$\begin{array}{r} 6\ 5 \\ +\ 7\ 9 \\ \hline \end{array}$$

3-4 빈 곳에 알맞은 수를 써넣으세요.

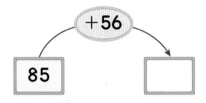

3-5 빈칸에 알맞은 수를 써넣으세요.

67	38	
54	72	

3-6 □ 안에 알맞은 숫자를 써넣으세요.

$$\begin{array}{r} 8\ \square \\ +\ 4\ 7 \\ \hline 1\ \square\ 5 \end{array}$$

3-7 과일 가게에 파인애플이 **47**개, 키위가 **57**개 있습니다. 과일 가게에 있는 파인애플과 키위는 모두 몇 개인가요?

( )개

24−6의 계산

〈방법 1〉 거꾸로 세어 구하기

18　19　20　21　22　23　24　➡　24−6=18

〈방법 2〉 수판의 그림을 지워 구하기

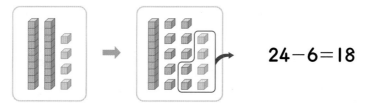

➡ 24−6=18

〈방법 3〉 수 모형으로 구하기

24−6=18

개념잡기

일의 자리 숫자끼리 뺄 수 없을 때에는 십의 자리에서 받아내림하여 계산합니다.

개념확인 1

📖 뺄셈을 하는 여러 가지 방법(1) - 수모형으로 구하기

그림을 보고 뺄셈을 하세요.

(1)

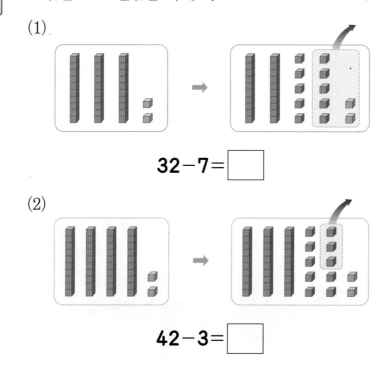

32−7=☐

(2)

42−3=☐

기본 문제를 통해 교과서 개념을 다져요.

① 12−4를 거꾸로 세어 계산해 보세요.

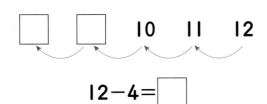

□ □ 10 11 12

12−4=□

② 31−8을 빼는 수만큼 /로 지워서 계산해 보세요.

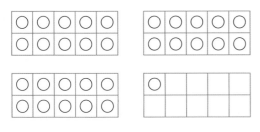

31−8=□

③ 그림을 보고 뺄셈을 하세요.

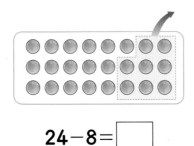

24−8=□

단원 **3**

④ 뺄셈을 하는 과정을 나타낸 것입니다. □ 안에 알맞은 수를 써넣으세요.

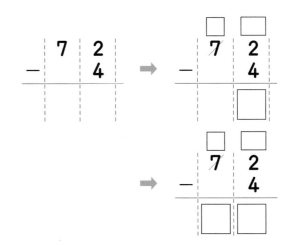

⑤ 뺄셈을 하세요.

(1) 2 1
   − 6
_____

(2) 7 4
   − 5
_____

(3) 37−8

(4) 46−8

⑥ 큰 수에서 작은 수를 뺀 값을 구하세요.

| 9 | | 63 |

(   )

40−18의 계산

〈방법 1〉 40 − 18

10 8
30
22

18을 10과 8로 가르기하여
순서대로 뺍니다.

〈방법 2〉 40 − 18

40+2 18+2
42 20
22

빼어지는 수와 빼는 수에 같은 수를 더하여
(몇십 몇)−(몇십)으로 나타내어 구합니다.

〈방법 3〉 40 − 18

30 10 10 8
20
2
22

40을 30과 10으로 가르기하고 18을 10과
8로 가르기하여 계산합니다.

〈방법 4〉

$$\begin{array}{r} {}^{3\ 10} \\ 4\ 0 \\ -1\ 8 \\ \hline 2 \end{array} \Rightarrow \begin{array}{r} {}^{3\ 10} \\ 4\ 0 \\ -1\ 8 \\ \hline 2\ 2 \end{array}$$

일의 자리에서 뺄 수 없을 때에는 십의
자리에서 10을 받아내림합니다.

1
개념확인

🔲 뺄셈을 하는 여러 가지 방법(2)

그림을 보고 뺄셈을 하세요.

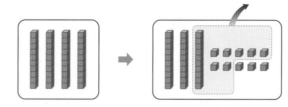

$$40-17=\boxed{}$$

2
개념확인

🔲 뺄셈을 하는 여러 가지 방법(2)

그림을 보고 뺄셈을 하세요.

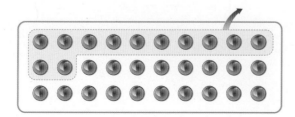

$$30-12=\boxed{}$$

기본 문제를 통해 교과서 개념을 다져요.

👑 30−17을 여러 가지 방법으로 계산해 보세요. [1~3]

1 17을 10과 7로 가르기하여 빼기

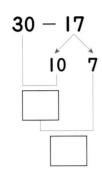

$$30 - 17$$

2 30을 33으로, 17을 20으로 나타내어 빼기

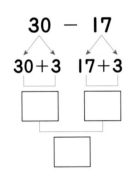

$$30 - 17$$

3 30을 20과 10으로, 17을 10과 7로 가르기하여 빼기

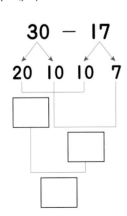

$$30 - 17$$

4 뺄셈을 하는 과정을 나타낸 것입니다. □ 안에 알맞은 수를 써넣으세요.

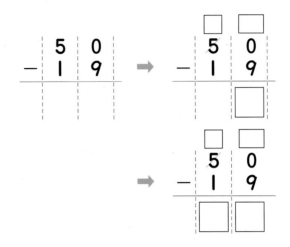

5 □ 안에 알맞은 수를 써넣으세요.

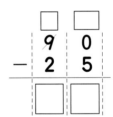

⭐중요
6 뺄셈을 하세요.

(1)
$$\begin{array}{r} 6\,0 \\ -\,1\,8 \\ \hline \end{array}$$

(2)
$$\begin{array}{r} 4\,0 \\ -\,2\,4 \\ \hline \end{array}$$

(3) 70−13

(4) 80−46

교과서 개념을 이해하고 확인 문제를 통해 익혀요.

○ 받아내림이 있는 (두 자리 수)−(두 자리 수)

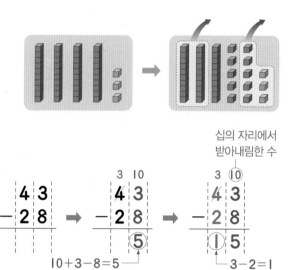

십의 자리에서
받아내림한 수

$$\begin{array}{r} 4\ 3 \\ -\ 2\ 8 \\ \hline \end{array}$$
→
$$\begin{array}{r} \overset{3\ \ 10}{4\ 3} \\ -\ 2\ 8 \\ \hline 5 \end{array}$$
→
$$\begin{array}{r} \overset{3\ \ \textcircled{10}}{4\ 3} \\ -\ 2\ 8 \\ \hline \textcircled{1}\ 5 \end{array}$$

10+3−8=5

3−2=1

개념잡기

일의 자리 숫자끼리 뺄 수 없을 때에는 십의 자리에서 받아내림하여 계산합니다.

주의 받아내림한 수를 잊지 않도록 작게 표시합니다.

1 개념확인

▤ 받아내림이 있는 (두 자리 수)−(두 자리 수)

그림을 보고 뺄셈을 하세요.

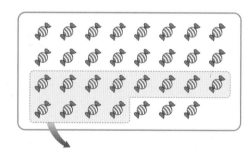

$31-12=\boxed{}$

2 개념확인

▤ 받아내림이 있는 (두 자리 수)−(두 자리 수)

그림을 보고 뺄셈을 하세요.

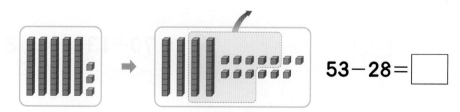

$53-28=\boxed{}$

기본 문제를 통해 교과서 개념을 다져요.

1 뺄셈을 하는 과정을 나타낸 것입니다.
□ 안에 알맞은 수를 써넣으세요.

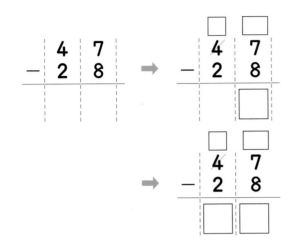

2 □ 안에 알맞은 수를 써넣으세요.

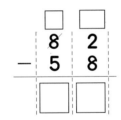

3 뺄셈을 하세요.

(1)
```
   5 4
 - 1 8
```

(2)
```
   6 1
 - 2 4
```

(3) 47 − 29

(4) 84 − 35

4 빈 곳에 알맞은 수를 써넣으세요.

(1)

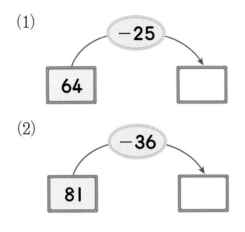

(2)

5 □ 안에 알맞은 수를 써넣으세요.

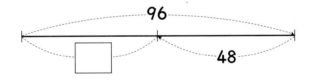

단원
3

중요

6 계산에서 틀린 곳을 찾아 바르게 계산하세요.

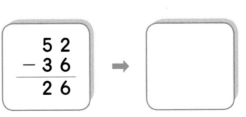

유형 4   받아내림이 있는 (두 자리 수) − (한 자리 수)

- 23−8의 계산

$$\begin{array}{r} \overset{\scriptstyle 1\;\;10}{2\;3} \\ -\quad 8 \\ \hline 1\;5 \end{array}\quad 10+3-8=⑤$$

일의 자리 숫자끼리 뺄 수 없을 때에는 십의 자리에서 받아내림하여 계산합니다.

4-1 그림을 보고 뺄셈을 하세요.

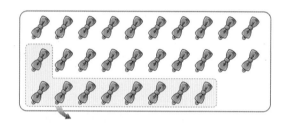

$$28-9=\boxed{}$$

대표유형

4-2 뺄셈을 하세요.

(1) $\begin{array}{r} 3\,1 \\ -\quad 6 \\ \hline \end{array}$ (2) $\begin{array}{r} 8\,2 \\ -\quad 7 \\ \hline \end{array}$

(3) $52-8$ (4) $73-5$

4-3 뺄셈에서 ②가 실제로 나타내는 값은 얼마인가요?

$$\begin{array}{r} \boxed{2}\;\;10 \\ 3\;5 \\ -\quad 9 \\ \hline 2\;6 \end{array}$$

(   )

4-4 두 수의 차를 구하세요.

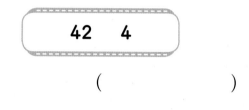

(   )

잘 틀려요

4-5 계산에서 <u>틀린</u> 곳을 찾아 바르게 계산하세요.

$$\begin{array}{r} 9\,2 \\ -\quad 8 \\ \hline 9\,4 \end{array}\quad\Rightarrow$$

4-6 빈 곳에 알맞은 수를 써넣으세요.

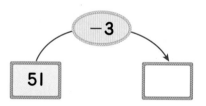

4-7 계산 결과를 찾아 선으로 이어 보세요.

$64-9$ ·   · 58

                           · 57

$63-6$ ·   · 55

4-8 크기를 비교하여 ○ 안에 >, <를 알맞게 써넣으세요.

$$84-5 \bigcirc 76$$

4-9 가장 큰 수와 가장 작은 수의 차를 구하세요.

| 48 | 7 | 56 |

(   )

4-10 빈칸에 알맞은 수를 써넣으세요.

 −

| 25 | 9 | |
| 42 | 8 | |

4-11 초콜릿이 21개 있었습니다. 그중에서 6개를 친구에게 주었습니다. 남은 초콜릿은 몇 개인가요?

(   )개

유형 **5** 받아내림이 있는 (몇십) − (두 자리 수)

· 50−17의 계산

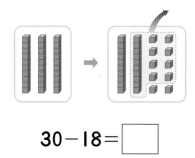

5-1 그림을 보고 □ 안에 알맞은 수를 써넣으세요.

$$30-18=\boxed{}$$

대표유형

5-2 뺄셈을 하세요.

(1)
$$\begin{array}{r} 2\,0 \\ -\,1\,1 \\ \hline \end{array}$$

(2)
$$\begin{array}{r} 6\,0 \\ -\,2\,9 \\ \hline \end{array}$$

(3) $80-25$

(4) $90-76$

5-3 빈 곳에 알맞은 수를 써넣으세요.

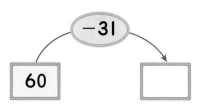

5-4 두 수의 차를 구하세요.

| 60 | 14 |

(   )

5-5 ㉠과 ㉡의 차를 구하세요.

㉠ 10이 7개인 수
㉡ 10이 4, 1이 5개인 수

(   )

⚠ 잘 틀려요

5-6 □ 안에 알맞은 숫자를 써넣으세요.

```
    8 0
 -□ 5
 ─────
   5 5
```

5-7 공원에 비둘기가 30마리 있었습니다. 이 중에서 12마리가 날아갔다면 남아 있는 비둘기는 몇 마리인가요?

(   )마리

· 51-22의 계산

· 73-36의 계산

$$73-36=37 \qquad 73-36=37$$

43
①
②
37

40 4
①
33
②
37

6-1 계산 과정을 보고 ①, ②에 알맞은 수를 각각 구하세요.

```
92-47
  ①
  ②
```

① (   )
② (   )

6-2 □ 안에 알맞은 수를 써넣으세요.

(1) 61 - 29

□ □
□

(2) 61 - 29

30 □
□
□

6-3 41−24를 보기 와 같은 방법으로 계산하세요.

보기

$$41-24$$

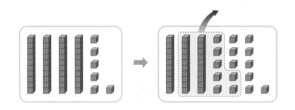

57 − 28
49
29

6-4 그림을 보고 □ 안에 알맞은 수를 써넣으세요.

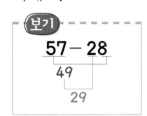

$$46-27=\boxed{}$$

대표유형

6-5 뺄셈을 하세요.

(1)
$$\begin{array}{r} 8\ 4 \\ -\ 2\ 9 \\ \hline \end{array}$$

(2)
$$\begin{array}{r} 7\ 1 \\ -\ 5\ 8 \\ \hline \end{array}$$

(3) $56-39$

(4) $83-45$

6-6 빈 곳에 알맞은 수를 써넣으세요.

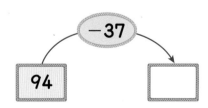

6-7 두 수의 차를 구하세요.

| 75 | 26 |

(　　　　　　)

❌ 잘 틀려요

6-8 □ 안에 알맞은 숫자를 써넣으세요.

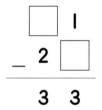

$$\begin{array}{r} \boxed{}\ 1 \\ -\ 2\ \boxed{} \\ \hline 3\ 3 \end{array}$$

🎓 시험에 잘 나와요

6-9 지혜는 색종이를 72장 가지고 있었습니다. 그중에서 35장을 친구에게 주었다면 지혜에게 남은 색종이는 몇 장인가요?

(　　　　　　)장

6-10 가영이는 사탕을 43개 가지고 있었습니다. 이 중에서 27개를 먹었다면 남은 사탕은 몇 개인가요?

(　　　　　　)개

☞ 세 수의 덧셈과 뺄셈

• **25+37+16**의 계산

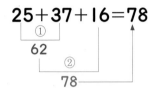

세 수의 덧셈은 순서를 바꾸어 계산해도 됩니다.

$25+37+16=78$

• **78-37-25**의 계산

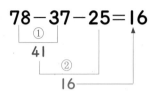

세 수의 뺄셈은 순서를 바꾸어 계산하면 안됩니다.

$78-37-25=66(\times)$

☞ 덧셈과 뺄셈이 섞여 있는 세 수의 계산

• **35+47-29**의 계산

$35+47-29=53$

①
82
②
53

• **52-35+13**의 계산

$52-35+13=30$

①
17
②
30

개념잡기

• 세 수의 덧셈은 계산 순서에 관계없이 결과가 같습니다.
• 세 수의 뺄셈은 계산 순서에 따라 결과가 달라지므로 반드시 앞에서부터 두 수씩 차례로 계산합니다.
• 덧셈과 뺄셈이 섞여 있는 세 수의 계산은 계산 순서에 따라 결과가 달라지므로 반드시 앞에서부터 두 수씩 차례로 계산합니다.

---

1 개념확인

☰ 세 수의 덧셈과 뺄셈

☐ 안에 알맞은 수를 써넣으세요.

(1) $29+44+12=$ ☐

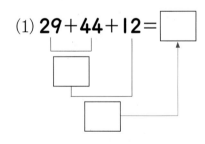

(2) $82-18-29=$ ☐

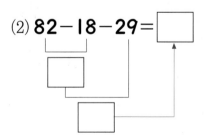

2 개념확인

☰ 덧셈과 뺄셈이 섞여 있는 세 수의 계산

☐ 안에 알맞은 수를 써넣으세요.

(1) $34+27-33=$ ☐

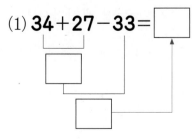

(2) $70-59+9=$ ☐

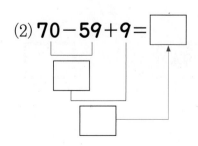

기본 문제를 통해 교과서 개념을 다져요.

❶ □ 안에 알맞은 수를 써넣으세요.

(1) $17+49-28=$ □

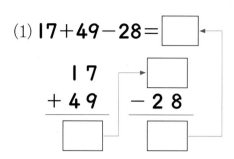

(2) $62-37+16=$ □

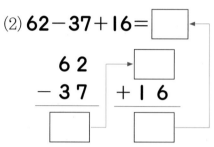

(3) $47-12-23=$ □

```
  4 7        ┌──→ □
－ 1 2    － 2 3
  □            □
```

⭐중요

❷ 계산해 보세요.

(1) $63+18+35$

(2) $97-29-41$

(3) $36+19-26$

(4) $72-34+18$

❸ 빈 곳에 알맞은 수를 써넣으세요.

(1)

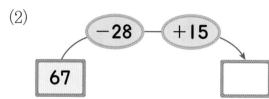

26 → +47 → −35 → □

(2)

67 → −28 → +15 → □

❹ 세 수의 합을 구하세요.

| 25 | 38 | 19 |

(   )

❺ 주차장에 자동차가 **38**대 있었습니다. 자동차 **11**대가 더 들어오고, **16**대가 빠져 나갔습니다. 주차장에는 자동차가 몇 대 있나요?

(   )대

단원 **3**

1단계 개념 탄탄

8. 덧셈과 뺄셈의 관계를 식으로 나타내기

교과서 개념을 이해하고 확인 문제를 통해 익혀요.

◑ 덧셈식을 뺄셈식으로 나타내기

$$10+3=13 \rightarrow \begin{cases} 13-3=10 \\ 13-10=3 \end{cases}$$

$$● + ▲ = ■ \rightarrow \begin{cases} ■ - ▲ = ● \\ ■ - ● = ▲ \end{cases}$$

➡ 하나의 덧셈식을 **2**개의 뺄셈식으로 나타낼 수 있습니다.

◑ 뺄셈식을 덧셈식으로 나타내기

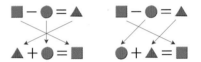

$$17-5=12 \rightarrow \begin{cases} 5+12=17 \\ 12+5=17 \end{cases}$$

$$■ - ● = ▲ \rightarrow \begin{cases} ● + ▲ = ■ \\ ▲ + ● = ■ \end{cases}$$

➡ 하나의 뺄셈식을 **2**개의 덧셈식으로 나타낼 수 있습니다.

개념잡기

◑ 덧셈식을 뺄셈식으로 나타내기

$$● + ▲ = ■ \qquad ● + ▲ = ■$$
$$■ - ▲ = ● \qquad ■ - ● = ▲$$

◑ 뺄셈식을 덧셈식으로 나타내기

$$■ - ● = ▲ \qquad ■ - ● = ▲$$
$$▲ + ● = ■ \qquad ● + ▲ = ■$$

---

1 개념확인

▤ 덧셈과 뺄셈의 관계를 식으로 나타내기

그림을 보고 ☐ 안에 알맞은 수를 써넣으세요.

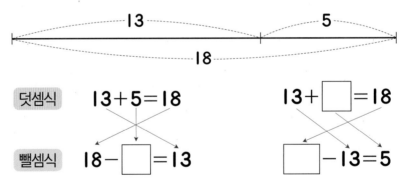

덧셈식 $13+5=18$ $13+\boxed{}=18$

뺄셈식 $18-\boxed{}=13$ $\boxed{}-13=5$

2 개념확인

▤ 덧셈과 뺄셈의 관계를 식으로 나타내기

주어진 식을 보고, ☐ 안에 알맞은 수를 써넣으세요.

(1) $20+17=37$

➡ $\begin{cases} 37-\boxed{}=20 \\ 37-\boxed{}=17 \end{cases}$

(2) $35-15=20$

➡ $\begin{cases} \boxed{}+15=35 \\ \boxed{}+20=35 \end{cases}$

기본 문제를 통해 교과서 개념을 다져요.

① 덧셈식을 보고, **2**개의 뺄셈식으로 나타낼 때 □ 안에 알맞은 수를 써넣으세요.

$$29+52=81$$

→ ⬜ − ⬜ = 29
⬜ − ⬜ = 52

④ 뺄셈식을 보고, **2**개의 덧셈식으로 나타낼 때 □ 안에 알맞은 수를 써넣으세요.

$$67-28=39$$

→ 28 + ⬜ = ⬜
39 + ⬜ = ⬜

단원
3

👑 덧셈식을 뺄셈식으로 나타내 보세요. [2~3]

②

$$28+34=62$$

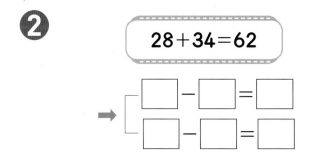

→ ⬜ − ⬜ = ⬜
⬜ − ⬜ = ⬜

👑 뺄셈식을 덧셈식으로 나타내 보세요. [5~6]

⑤

$$51-34=17$$

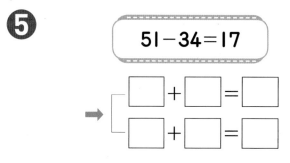

→ ⬜ + ⬜ = ⬜
⬜ + ⬜ = ⬜

③

$$24+37=61$$

→ ⬜ − ⬜ = ⬜
⬜ − ⬜ = ⬜

⑥

$$83-29=54$$

→ ⬜ + ⬜ = ⬜
⬜ + ⬜ = ⬜

○ □가 사용된 덧셈식을 만들고 □의 값 구하기

> 접시에 호두 **9**개를 담았습니다. 몇 개를 더 담아서 호두가 모두 **14**개가 되었습니다. 더 담은 호두는 몇 개인지 알아보세요.

① □를 사용하여 덧셈식으로 나타내기

더 담은 호두의 수를 □로 하여 덧셈식으로 나타내면 $9+\square=14$입니다.

② 덧셈과 뺄셈의 관계를 이용하여 □의 값 구하기

$$9+\square=14 \Rightarrow 14-9=\square, \square=5$$

따라서 더 담은 호두는 **5**개입니다.

○ □가 사용된 뺄셈식을 만들고 □의 값 구하기

> 꽃밭에 나비가 **15**마리 있었습니다. 잠시 후 몇 마리가 날아가서 **8**마리가 남았습니다. 날아간 나비는 몇 마리인지 알아보세요.

① □를 사용하여 뺄셈식으로 나타내기

날아간 나비의 수를 □로 하여 뺄셈식으로 나타내면 $15-\square=8$입니다.

② 덧셈과 뺄셈의 관계를 이용하여 □의 값 구하기

$$15-\square=8 \Rightarrow 15-8=\square, \square=7$$

따라서 날아간 나비는 **7**마리입니다.

개념확인 1

🔲 덧셈식에서 □의 값 구하기

빈 곳에 알맞은 수만큼 ○를 그리고, □ 안에 알맞은 수를 써넣으세요.

$$4+\square=10$$

개념확인 2

🔲 뺄셈식에서 □의 값 구하기

남은 꽃이 **5**송이가 되도록 ╱로 지우고, □ 안에 알맞은 수를 써넣으세요.

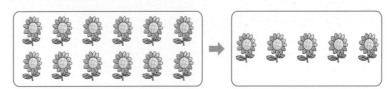

$$12-\square=5$$

기본 문제를 통해 교과서 개념을 다져요.

1 빈 곳에 알맞은 수만큼 ○를 그리고, □ 안에 알맞은 수를 써넣으세요.

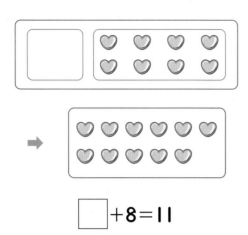

$$\square + 8 = 11$$

2 □를 사용하여 그림에 알맞은 덧셈식을 쓰고, □의 값을 구하세요.

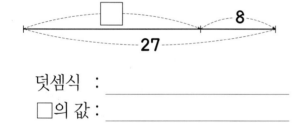

덧셈식 : _____

□의 값 : _____

3 어떤 수에 **26**을 더했더니 **60**이 되었습니다. 물음에 답하세요.

(1) 어떤 수를 □로 하여 덧셈식으로 나타내 보세요.

(   )

(2) 어떤 수는 얼마인가요?

(   )

단원 **3**

4 그림을 보고 □ 안에 알맞은 수를 써넣으세요.

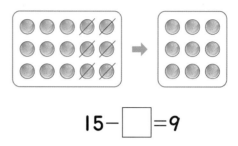

$$15 - \square = 9$$

중요

5 □를 사용하여 그림에 알맞은 뺄셈식을 쓰고, □의 값을 구하세요.

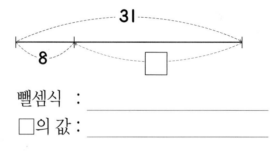

뺄셈식 : _____

□의 값 : _____

6 방울토마토가 **25**개 있었습니다. 그중에서 동민이가 방울토마토를 몇 개 먹었더니 **7**개가 남았습니다. 물음에 답하세요.

(1) 동민이가 먹은 방울토마토의 수를 □로 하여 뺄셈식으로 나타내 보세요.

(   )

(2) 동민이가 먹은 방울토마토는 몇 개인가요?

(   )개

유형 **7** 세 수의 계산

$$51-27+39=63$$

①
24

②
63

덧셈과 뺄셈이 섞여 있는 세 수의 계산은 반드시 앞에서부터 두 수씩 차례로 계산합니다.

7-1 □ 안에 알맞은 수를 써넣으세요.

$$81-54+26=\boxed{}$$

$$\begin{array}{r} 8\,1 \\ -\,5\,4 \\ \hline \end{array}\qquad \begin{array}{r} \\ +\,2\,6 \\ \hline \end{array}$$

7-2 □ 안에 알맞은 수를 써넣으세요.

(1) $67+24-18=\boxed{}$

(2) $71-34+38=\boxed{}$

7-3 계산해 보세요.

(1) $17+64-26$

(2) $52-15+45$

7-4 □ 안에 알맞은 수를 써넣으세요.

19   □   18
73

7-5 크기를 비교하여 ○ 안에 >, <를 알맞게 써넣으세요.

| 35+38−29 | ○ | 46 |

7-6 도토리 **66**개가 있었습니다. 다람쥐가 어제 **19**개를 먹고, 오늘 **21**개를 먹었습니다. 남은 도토리는 몇 개인가요?

(   )개

7-7 과일 가게에 사과가 **72**개 있었습니다. 그중에서 **26**개를 팔고 새로 **15**개를 들여왔습니다. 지금 과일 가게에 있는 사과는 몇 개인가요?

(   )개

유형 8 · 덧셈과 뺄셈의 관계를 식으로 나타내기

- 덧셈식을 뺄셈식으로 나타내기

$$12+8=20$$

➡ $\begin{cases} 20-8=12 \\ 20-12=8 \end{cases}$

- 뺄셈식을 덧셈식으로 나타내기

$$15-4=11$$

➡ $\begin{cases} 11+4=15 \\ 4+11=15 \end{cases}$

8-1 그림을 보고 □ 안에 알맞은 수를 써넣으세요.

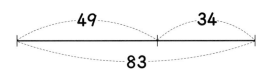

$$49+34=83$$

➡ $\begin{cases} 83-\boxed{}=49 \\ 83-\boxed{}=34 \end{cases}$

대표유형

8-2 뺄셈식을 보고, 덧셈식으로 나타내 보세요.

$$53-38=15$$

➡ $\begin{cases} 15+\boxed{}=53 \\ 38+\boxed{}=53 \end{cases}$

8-3 덧셈식 $27+24=51$을 보고 만든 뺄셈식으로 옳은 것에 ○표 하세요.

$$51-24=27 \qquad ()$$

$$27-24=3 \qquad ()$$

8-4 주어진 식을 보고 관계있는 것을 보기에서 찾아 기호를 쓰세요.

보기
㉠ $81-46=35$
㉡ $45-18=27$
㉢ $25+16=41$

(1) $41-16=25$

$()$

(2) $46+35=81$

$()$

시험에 잘 나와요

8-5 덧셈식을 보고 뺄셈식으로 나타내고 뺄셈식을 보고 덧셈식으로 나타내 보세요.

(1) $45+39=84$

➡ $\begin{cases} \boxed{}-\boxed{}=\boxed{} \\ \boxed{}-\boxed{}=\boxed{} \end{cases}$

(2) $94-48=46$

➡ $\begin{cases} \boxed{}+\boxed{}=\boxed{} \\ \boxed{}+\boxed{}=\boxed{} \end{cases}$

유형 **9** □가 사용된 덧셈식을 만들고 □의 값 구하기

• 덧셈식에서 □의 값 구하는 순서

① 구해야 하는 것을 □로 나타내고 덧셈식을 만듭니다.

② 덧셈과 뺄셈의 관계를 이용하여 □를 구하는 뺄셈식을 만듭니다.

③ 식을 계산하여 □의 값을 구합니다.

9-1 □를 사용하여 그림에 알맞은 덧셈식을 만들고, □의 합을 구하세요.

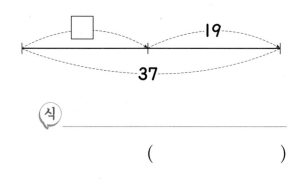

식 _____

(   )

9-2 □ 안에 알맞은 수를 써넣으세요.

(1) ☐ +31=60

(2) ☐ +15=29

(3) 28+ ☐ =73

(4) 9+ ☐ =51

9-3 □ 안에 들어갈 수를 바르게 구한 사람의 이름을 쓰세요.

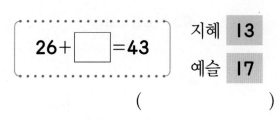

26+ ☐ =43

지혜 **13**

예슬 **17**

(   )

9-4 ㉠+㉡의 값을 구하세요.

• 24+㉠=56

• ㉡+17=32

(   )

9-5 한별이는 연필을 **8**자루 가지고 있었습니다. 동민이에게 연필을 선물로 받아 모두 **15**자루가 되었습니다. 동민이에게 선물로 받은 연필은 몇 자루인지 알아보세요.

(1) 동민이에게 선물로 받은 연필의 수를 □로 하여 덧셈식으로 나타내세요.

식 _____

(2) **8**에 얼마를 더하면 **15**와 같아지는지 □ 안에 알맞은 수를 써넣으세요.

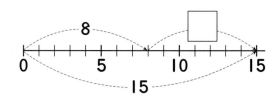

(3) 동민이에게 선물로 받은 연필은 몇 자루인가요?

(   )자루

9-6 전깃줄에 참새 **4**마리가 앉아 있었습니다. 잠시 후 몇 마리가 더 날아와 참새는 모두 **13**마리가 되었습니다. 더 날아온 참새는 몇 마리인지 □를 사용하여 식을 쓰고 답을 구하세요.

식 _____

답 _____ 마리

9-7 어떤 수에 **18**을 더했더니 **42**가 되었습니다. 어떤 수는 얼마인지 □를 사용하여 식을 쓰고, 답을 구하세요.

식 _____

답 _____

9-8 영수는 구슬을 **15**개 가지고 있었습니다. 문구점에서 구슬을 몇 개 더 샀더니 구슬이 모두 **38**개가 되었습니다. 영수가 문구점에서 산 구슬은 몇 개인지 □를 사용하여 식을 쓰고, 답을 구하세요.

식 _____

답 _____ 개

유형 10 □가 사용된 뺄셈식을 만들고 □의 값 구하기

- 뺄셈식에서 □의 값 구하는 순서
  ① 구해야 할 것을 □로 나타내고 뺄셈식을 만듭니다.
  ② 덧셈과 뺄셈의 관계를 이용하여 □를 구하는 덧셈식 또는 뺄셈식을 만듭니다.
  ③ 식을 계산하여 □의 값을 구합니다.

10-1 □를 사용하여 그림에 알맞은 뺄셈식을 만들고, □의 값을 구하세요.

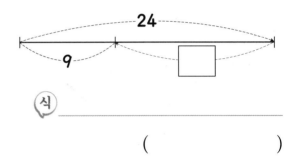

식 _____

(_____)

10-2 □ 안에 알맞은 수를 써넣으세요.

(1) $\boxed{} - 4 = 27$

(2) $\boxed{} - 13 = 6$

(3) $91 - \boxed{} = 39$

(4) $81 - \boxed{} = 47$

10-3 □ 안에 알맞은 수를 써넣으세요.

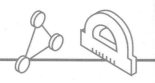

10-4 □ 안에 들어갈 수가 더 큰 것의 기호를 쓰세요.

> ㉠ 71−□=32
> ㉡ □−25=18

(   )

10-5 치즈가 18개 있었습니다. 그중에서 효근이가 몇 개를 먹었더니 11개가 남았습니다. 효근이가 먹은 치즈는 몇 개인지 알아보세요.

(1) 효근이가 먹은 치즈의 수를 □로 하여 뺄셈식으로 나타내세요.

식 _____

(2) □ 안에 알맞은 수를 써넣으세요.

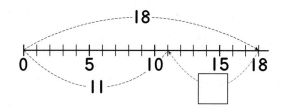

(3) 효근이가 먹은 치즈는 몇 개인가요?

(   )개

10-6 웅이는 구슬을 24개 가지고 있었습니다. 그중에서 동생에게 몇 개를 주었더니 18개가 남았습니다. 동생에게 준 구슬은 몇 개인지 □를 사용하여 식을 쓰고 답을 구하세요.

식 _____

답 _____ 개

10-7 어떤 수에서 11을 뺐더니 35가 되었습니다. 어떤 수는 얼마인지 □를 사용하여 식을 쓰고 답을 구하세요.

식 _____

답 _____

10-8 상연이는 단추를 몇 개 가지고 있었습니다. 그중에서 19개를 예슬이에게 주었더니 21개가 남았습니다. 상연이가 처음에 가지고 있던 단추는 몇 개인지 □를 사용하여 식을 쓰고 답을 구하세요.

식 _____

답 _____ 개

1 영수는 과수원에서 포도를 **9**송이 땄는데 아버지는 영수보다 **14**송이 더 많이 땄습니다. 두 사람이 딴 포도는 모두 몇 송이인가요?

( )송이

2 **1**부터 **9**까지의 수 중 □ 안에 들어갈 수 있는 수를 모두 쓰세요.

$$69 + \square > 75$$

( )

3 화살 두 개를 던졌을 때 화살이 꽂힌 부분의 수의 합이 가운데에 있는 수가 되면 점수를 얻을 수 있습니다. 화살을 던져 맞혀야 하는 두 수에 ○표 하세요.

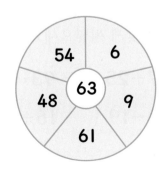

4 보기 와 같이 **2**가지 방법으로 계산하세요.

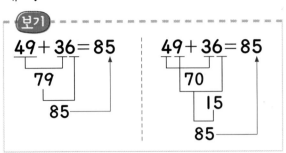

63 + 29   63 + 29

5 같은 그림에 있는 수끼리의 합을 구하고, 합이 가장 큰 것부터 순서대로 기호를 쓰세요.

가 🦀 ( )

나 🐙 ( )

다 ⭐ ( )

라 🐟 ( )

(, , ,)

단원 **3**

6 ▲=**46**일 때, ★은 얼마인가요?

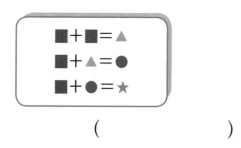

(   )

7 아래 두 수를 더한 결과를 윗칸에 써넣을 때 빈칸에 알맞은 수를 써넣으세요.

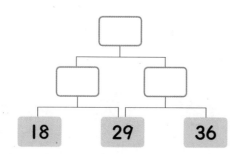

8 숫자 카드 3, 8, 5, 2, 9 중 **2**장을 뽑아 두 자리 수를 만들 때, 만들 수 있는 가장 큰 수와 가장 작은 수의 합은 얼마인가요?

(   )

9 한솔이네 반 전체 학생은 **24**명입니다. 남학생이 여학생보다 **4**명이 많다고 합니다. 한솔이네 반 여학생은 몇 명인가요?

(   )명

10 보기 와 같이 **2**가지 방법으로 계산하세요.

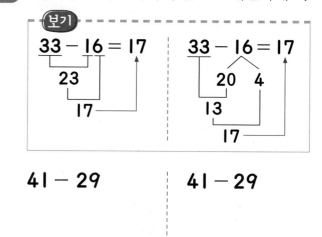

41 − 29   41 − 29

11 계산 결과를 비교하여 ◯ 안에 >, =, <를 알맞게 써넣으세요.

(1) **47+25** ◯ **93−27**

(2) **58−19** ◯ **16+28**

12 1부터 **6**까지의 숫자 중 □ 안에 들어갈 수 있는 숫자는 모두 몇 개인가요?

$$95 - \boxed{} 6 < 49$$

( )개

13 □ 안에 알맞은 숫자를 써넣으세요.

(1)
$$\begin{array}{r} 7\ 9 \\ +\ 4\ \boxed{} \\ \hline 1\ \boxed{}\ 5 \end{array}$$

(2)
$$\begin{array}{r} 6\ \boxed{} \\ -\ \boxed{}\ 2 \\ \hline 3\ 9 \end{array}$$

14 주어진 숫자 카드를 모두 사용하여 다음 식을 완성하세요.

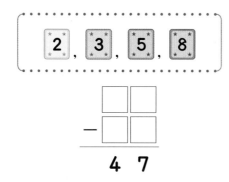

$$\begin{array}{r} \boxed{}\ \boxed{} \\ -\ \boxed{}\ \boxed{} \\ \hline 4\ 7 \end{array}$$

15 □ 안에 알맞은 수를 써넣으세요.

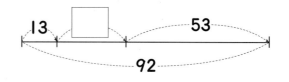

16 계산 결과가 **63**이 되도록 ○ 안에 ＋, －를 알맞게 써넣으세요.

$$75 \bigcirc 26 \bigcirc 14 = 63$$

17 아파트 공사장에서 **92**개의 돌을 옮기려고 합니다. 어제는 **46**개를 옮겼고, 오늘은 **29**개를 옮겼습니다. 돌을 몇 개 더 옮겨야 하나요?

( )개

18 효근이는 구슬을 **43**개 가지고 있었는데 **15**개를 잃어버리고, **19**개를 다시 샀습니다. 지금 효근이가 가지고 있는 구슬은 몇 개인가요?

( )개

19 □ 안에 알맞은 수를 써넣으세요.

(1) □ +56=73

➡ 73− □ =56

(2) 82− □ =38

➡ 38+ □ =82

20 지혜가 가진 카드에 적힌 두 수의 합은 가영이가 가진 카드에 적힌 두 수의 합과 같습니다. 가영이가 가지고 있는 보라색 카드에 쓰여 있는 수는 얼마인가요?

지혜
42 38

가영
25

( )

21 **35**에서 어떤 수를 뺐더니 **28**이 되었습니다. 어떤 수에 **15**를 더하면 얼마가 되나요?

( )

22 뺄셈식을 보고 □를 구하는 덧셈식으로 나타내고, □ 안에 알맞은 수를 써넣으세요.

□ −19=8

(식)

23 두 수 중에서 작은 수에 어떤 수를 더하면 큰 수가 됩니다. 어떤 수는 얼마인가요?

25   43

( )

유형 1

다음 숫자 카드 중 **2**장을 뽑아 두 자리 수를 만들려고 합니다. 만들 수 있는 수 중에서 가장 큰 수와 가장 작은 수의 합은 얼마인지 풀이 과정을 쓰고 답을 구하세요.

5   9   3   7

✍ 풀이   만들 수 있는 두 자리 수 중 가장 큰 수는 ⬜이고, 가장 작은 수는 ⬜입니다.

따라서 두 수의 합을 구하면 ⬜ + ⬜ = ⬜ 입니다.

답 ⬜

예제 1

다음 숫자 카드 중 **2**장을 뽑아 두 자리 수를 만들려고 합니다. 만들 수 있는 수 중에서 가장 큰 수와 가장 작은 수의 합은 얼마인지 풀이 과정을 쓰고 답을 구하세요. [5점]

2   8   6   4

✍ 풀이

_____

_____

_____

_____

답 _____

단원 3

유형2

버스에 **41**명이 타고 있었습니다. 이번 정류장에서 **15**명이 내리고, **17**명이 탔습니다. 지금 버스에 몇 명이 타고 있는지 풀이 과정을 쓰고 답을 구하세요.

풀이 내린 사람은 **뺄셈**으로, 탄 사람은 **덧셈**으로 계산합니다.

따라서 지금 버스에 타고 있는 사람은 **41** − □ + □ = □ (명)입니다.

답 □ 명

예제2

동민이에게 색종이가 **54**장 있었습니다. 형에게 **28**장을 받고, 동생에게 **17**장을 주었습니다. 동민이가 지금 가지고 있는 색종이는 모두 몇 장인지 풀이 과정을 쓰고 답을 구하세요. [5점]

풀이

_____

_____

_____

_____

답 장

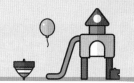

👑 지혜와 석기가 과녁 맞히기 놀이를 하였습니다. 화살을 총 **3**발씩 쏘아 화살이 노란색에 꽂히면 맞힌 점수를 더하고, 파란색에 꽂히면 맞힌 점수를 빼기로 하였습니다. 물음에 답하세요. [1~2]

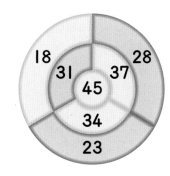

1 총 **3**발 중 **2**발을 먼저 쏜 결과 지혜가 **8**점 차이로 이기고 있다면, 석기의 화살 **2**발 중 나머지 **1**개의 화살은 몇 점에 꽂혔는지 구하세요.

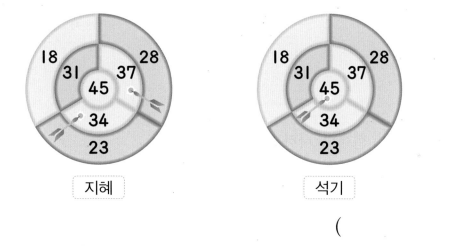

지혜   석기

(   )점

2 마지막 한 발씩이 모두 파란색 과녁에 꽂혀 동점이 되었다면, 지혜와 석기의 마지막 화살은 각각 몇 점에 꽂혔는지 구하세요.

지혜 (   )점
석기 (   )점

단원 **3**

1 그림을 보고 □ 안에 알맞은 수를 써넣으세요.
③점

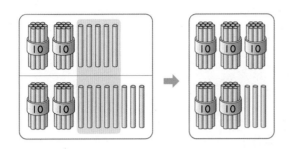

$$25+28=\boxed{}$$

2 □ 안에 알맞은 수를 써넣으세요.
③점

(1)
```
    4 6
  +   7
  ─────
```

(2)
```
    2 2
  −   8
  ─────
```

3 뺄셈에서 6이 실제로 나타내는 값은 얼마인가요?
③점

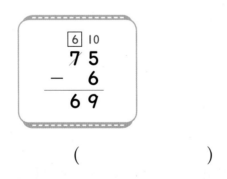

(   )

4 두 수의 합과 차를 각각 구하세요.
④점

72   39

합 (   )
차 (   )

5 계산 결과를 비교하여 가장 큰 것부터 순서대로 기호를 쓰세요.
④점

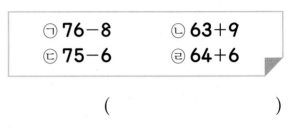

⊙ 76−8   ⓒ 63+9
ⓒ 75−6   ② 64+6

(   )

6 □ 안에 알맞은 수를 써넣으세요.
④점

$$23+48-37=\boxed{}$$

```
  2 3
+ 4 8
─────
```

7 □ 안에 알맞은 수를 써넣으세요.
④점

$$59-35+48=\boxed{}$$

8 계산해 보세요.
④점

(1) 43+39−27

(2) 82−46+65

9 뺄셈식을 보고, 덧셈식을 **2**개 만들어
④점 보세요.

$$76-48=28$$

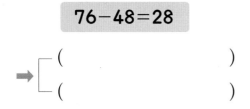

➡ [(   )
   (   )

10 보기와 같은 방법으로 계산하세요.
④점

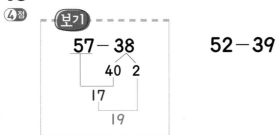

보기
$$57-38$$
$$40 \quad 2$$
$$17$$
$$19$$

$$52-39$$

11 빈 곳에 알맞은 수를 써넣으세요.
④점

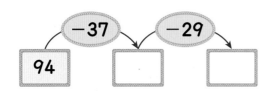

12 다음 중 두 수의 합이 **100**보다 큰 것은
④점 어느 것인가요? (   )

① **73+19**   ② **27+65**
③ **68+33**   ④ **46+49**
⑤ **54+37**

13 계산 결과를 비교하여 ○ 안에 >, <를
④점 알맞게 써넣으세요.

$$54+27 \bigcirc 92-18$$

14 다음 수를 □ 안에 알맞게 써넣어 덧셈
④점 식을 **2**개 만들어 보세요.

37   83   46

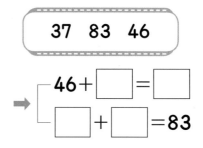

➡ 46+□=□
   □+□=83

15 계산에서 틀린 곳을 찾아 바르게 계산
④점 하세요.

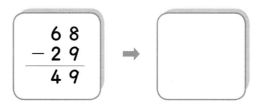

$$\begin{array}{r} 6\ 8 \\ -\ 2\ 9 \\ \hline 4\ 9 \end{array}$$ ➡

단원
3

16 길이가 **46** cm인 철사를 몇 cm 사용하
(4점) 였더니 **28** cm가 남았습니다. 사용한
철사의 길이는 몇 cm인지 □를 사용하
여 식을 쓰고 답을 구하세요.

식 _____

답 _____ cm

17 석기네 과수원에는 감나무 **37**그루와
(4점) 배나무 몇 그루가 있습니다. 감나무와
배나무는 모두 **81**그루입니다. 배나무는
몇 그루인지 □를 사용하여 식을 쓰고
답을 구하세요.

식 _____

답 _____ 그루

18 □ 안에 알맞은 숫자를 써넣으세요.
(4점)

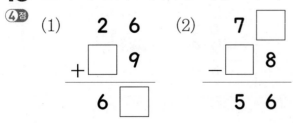

(1)
```
    2 6
+ □ 9
──────
  6 □
```

(2)
```
    7 □
− □ 8
──────
  5 6
```

영수는 친구들과 줄넘기를 하였습니다. 다음
표는 영수와 친구들이 넘은 줄넘기 횟수를
나타낸 것입니다. 물음에 답하세요.

[19~21]

영수	동민	효근	석기	한별
39회	44회	36회	55회	47회

19 영수와 한별이가 넘은 줄넘기 횟수는
(4점) 모두 몇 회인가요?

(   )회

20 줄넘기를 가장 많이 넘은 사람과 가장
(4점) 적게 넘은 사람의 줄넘기 횟수의 차는
몇 회인가요?

(   )회

21 영수와 효근이가 넘은 줄넘기 횟수는
(4점) 동민이와 한별이가 넘은 줄넘기 횟수
보다 몇 회 더 적은가요?

(   )회

서술형

22 어떤 수에서 **39**를 뺐더니 **53**이 되
(4점) 었습니다. 어떤 수는 얼마인지 풀이
과정을 쓰고 답을 구하세요.

📖풀이

📁답

23 주차장에 자동차가 **47**대 있었습니다.
(5점) 자동차가 **28**대 빠져 나가고, **15**대가
더 들어왔습니다. 지금 주차장에 있는
자동차는 몇 대인지 풀이 과정을 쓰고
답을 구하세요.

📖풀이

📁답 _____ 대

24 ●가 **16**일 때, ▲는 얼마인지 풀이
(5점) 과정을 쓰고 답을 구하세요.

$$●+●+●=★$$
$$★-29+12=▲$$

📖풀이

📁답

25 **1**부터 **9**까지의 숫자 중에서 □ 안에
(5점) 들어갈 수 있는 숫자는 모두 몇 개인지
풀이 과정을 쓰고 답을 구하세요.

$$16+□6 < 52$$

📖풀이

📁답 _____ 개

1 다음은 같은 선 위의 양 쪽끝에 있는 두 수 중 큰 수에서 작은 수를 빼어 두 수 중간에 쓴 것입니다. □ 안에 알맞은 수를 써넣으세요.

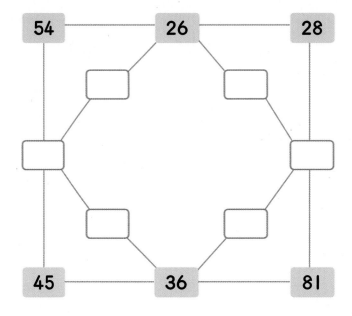

2 공에 적힌 두 수를 골라 식을 만들어 보세요.

 6   15   30   58

① ☐ + ☐ = 21   ② ☐ − ☐ = 9

③ ☐ + ☐ = 45   ④ ☐ − ☐ = 15

⑤ ☐ + ☐ = 73   ⑥ ☐ − ☐ = 43

개구리야, 고마워!

지난 주일에 석기는 식구들과 함께 수목원에 갔어요. 수수꽃다리 냄새와 아카시아 나무 냄새가 향긋한 오솔길을 지나다가 저 아래쪽에 있는 연못을 보았지요. 여러 명의 아이들이 물 속을 열심히 들여다보고 있는 것을 보고 석기는 얼른 뛰어내려 갔어요. 도대체 물 속에 무엇이 있을까 궁금해서요.

"와, 올챙이다!"

셀 수 없이 많은 올챙이들이 물 속에서 꼬리를 흔들며 놀고 있었어요. 종이컵을 들고 있던 어떤 아이는

"25마리나 잡았었는데 쏟아지는 바람에 8마리 밖에 안 남았어!"

하면서 울상을 지었어요. 25마리에서 8마리 남았다고? 그럼 몇 마리가 물 속으로 다시 들어간 걸까?

$$25 - \square = 8$$

석기는 머릿속으로 이런 식을 생각했지만 답은 얼른 구하지 못했어요.

"그 8마리도 얼른 놓아줘. 집에 가져가면 살지 못해. 얼른 놓아주라니까!"

그 아이의 엄마가 큰 소리로 나무라자 아이는 하는 수 없이 주르륵 종이컵에 든 올챙이를 쏟아냈어요.

석기는 $8-8=0$!이라고 작게 웅얼대면서 씨익 웃었지요. 석기는 한 자리 수 계산은 아주 잘하거든요.

수학은 잘 못하는 석기지만 개구리에 대해서는 정말 아는 것이 많아요. 낮부터 시끄럽게 울어대는 건 참개구리, 낮보다는 밤에 더 큰 소리로 울어대는 건 청개구리. 그런데 올챙이만 보고서는 참개구리 올챙이인지 청개구리 올챙이인지 알 수가 없네요.

8월이 되어야 참개구리인지 청개구리인지 알 수 있을텐데…….

석기 할머니가 살고 계신 강원도에는 황소개구리가 많이 살아요. 황소개구리는 황소처럼 크게 운다고 해서 붙여진 이름이래요. 외국에서 식용으로 수입한 황소개구리가 이제는 골칫덩어리라고 하네요. 큰 덩치의 식욕이 왕성한 황소개구리가 우리나라 고유종인 참개구리, 청개구리, 물고기 등을 마구 잡아 먹기 때문이에요.

지난 밤, 황소개구리의 시끄러운 울음 소리에 잠을 설치신 할아버지, 할머니와 황소개구리를 잡으러 갔어요.

할머니께서 10마리를 잡는 동안 할아버지께서는 12마리나 잡아서 큰 바구니에 넣으셨어요. 석기가 궁금해서 바구니 뚜껑을 열자마자 황소개구리들이 펄쩍펄쩍 뛰어나오는 바람에 깜짝 놀라서 바구니를 넘어뜨리고 말았지요. 얼마나 많이 달아났는지 바구니 속에 남은 개구리는 13마리 밖에 안 되지 뭐에요.

10마리＋12마리＝22마리.

그런데 13마리밖에 안 남았으니 몇 마리가 달아난 걸까요? 석기는 달아난 개구리가 몇 마리인지 계산해 보기로 했어요.

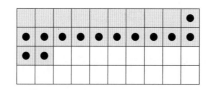

이렇게 식은 썼는데 몇 마리인지 알 수가 없어서 그림을 그려 보았지요.

'어? 22－□＝13에서 □ 안에 들어갈 수는 22－13의 답과 똑같네!'

석기는 아주 신기한 방법을 생각해 낸 것처럼 어깨를 으쓱했어요.

그러다가 수목원에서 본 아이 생각이 났어요. 그 아이가 올챙이를 몇 마리 쏟았는지 알 수 있을 것 같아요.

개구리 덕분에 석기는 이제 **뺄셈식**에서 □의 값을 구하는 문제는 척척박사가 되었어요.

수목원에서 본 아이가 쏟은 올챙이는 몇 마리인지 알아보세요.

25－□＝8

단원 4 길이 재기

이번에 배울 내용

1 여러 가지 단위로 길이 재기

2 1 cm 알아보기, 자로 길이 재기

3 길이 어림하기

이전에 배운 내용

• 길이, 무게, 넓이, 담을 수 있는 양
  비교하기

다음에 배울 내용

• 1 m 알아보기
• 길이의 덧셈과 뺄셈
• 1 mm, 1 km 알아보기

➔ 여러 가지 단위로 길이 재기

- 어떤 길이를 재는 데 기준이 되는 길이를 단위길이라고 합니다.
  길이를 잴 때 사용할 수 있는 단위에는 여러 가지가 있습니다.
- 단위길이가 길수록 잰 횟수는 적고, 단위길이가 짧을수록 잰 횟수는 많습니다.

개념잡기

◇ 우리 몸을 이용한 길이 재기

- 양팔 : 두 팔을 가장 많이 벌렸을 때의 왼손 가운뎃손가락과 오른손 가운뎃손가락 사이의 거리

  양팔

- 뼘 : 엄지 손가락과 다른 손가락을 완전히 펴서 벌렸을 때의 두 끝 사이의 거리

  뼘

- 걸음 : 보통 걸음으로 걸었을 때의 두 발 사이의 거리

  걸음

👑 **우리 몸을 이용하여 막대의 길이를 잰 것입니다. ☐ 안에 알맞은 수를 써넣으세요.**

[1~2]

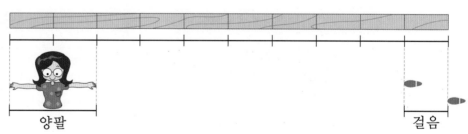

양팔　　　　　　　　　　　　　　걸음

1
개념확인

📖 양팔을 이용하여 길이 재기

양팔을 벌려 재면 ☐ 번 재어야 합니다.

2
개념확인

📖 발걸음을 이용하여 길이 재기

발걸음으로 재면 ☐ 번 재어야 합니다.

1 학교 운동장의 긴 쪽의 거리를 재는 데 가장 적당한 단위는 어느 것인가요?

( )

① 뼘   ② 연필
③ 걸음   ④ 지우개
⑤ 엄지손가락의 너비

중요

👑 엄지손가락의 너비로 붓과 연필의 길이를 재었습니다. 물음에 답하세요. [2~3]

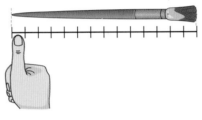

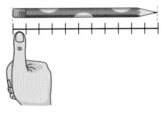

2 붓의 길이는 엄지손가락의 너비로 몇 번인가요?

( )번

3 연필의 길이는 엄지손가락의 너비로 몇 번인가요?

( )번

👑 연필의 길이를 클립과 분필을 이용하여 재었습니다. 물음에 답하세요. [4~7]

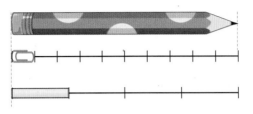

4 연필의 길이는 클립의 길이로 몇 번인가요?

( )번

5 연필의 길이는 분필의 길이로 몇 번인가요?

( )번

6 연필의 길이를 클립과 분필 중 어느 길이로 재어 나타낸 수가 더 큰가요?

( )

7 연필의 길이를 클립과 분필 중 어느 길이로 재어 나타낸 수가 더 작은가요?

( )

ⓒ Ⅰcm 알아보기

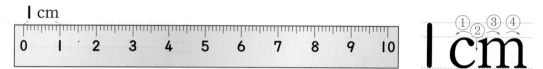

자에서 큰 눈금 한 칸의 길이는 모두 같습니다. 이 길이를 Ⅰcm라 쓰고, Ⅰ 센티미터라고 읽습니다.

ⓒ 자를 사용하여 길이 재기

[방법Ⅰ]

➡ **7**cm

① 연필의 한쪽 끝을 자의 눈금 **0**에 맞춥니다.

② 연필의 다른 쪽 끝에 있는 자의 눈금을 읽습니다.

[방법**2**]

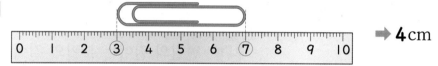

➡ **4**cm

① 클립의 한쪽 끝을 자의 한 눈금에 맞춥니다.

② 그 눈금에서 다른 쪽까지 Ⅰcm가 몇 번 들어가는지 셉니다.

개념확인 1

▣ Ⅰcm 알아보기

그림을 보고 ☐ 안에 알맞게 써넣으세요.

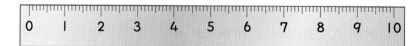

자에서 큰 눈금 한 칸의 길이를 [ ]라 쓰고 [ ]라고 읽습니다.

개념확인 2

▣ 자를 사용하여 길이 재기

자를 사용하여 연필의 길이를 바르게 잰 것에 ◯표 하세요.

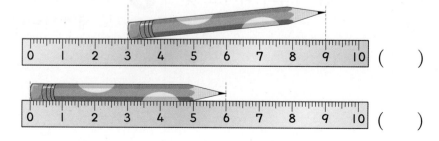

( )

( )

기본 문제를 통해 교과서 개념을 다져요.

1 Ｉcm를 바르게 Ｉ번 써 보세요.

2 □ 안에 알맞은 수를 써넣으세요.

(1)

□ cm

(2)

□ cm

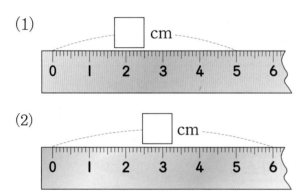

3 □ 안에 알맞은 수를 써넣으세요.

□ cm

4 크레파스의 길이는 몇 cm인가요?

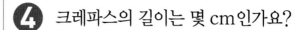

□ cm

5 연필의 길이는 몇 cm인가요?

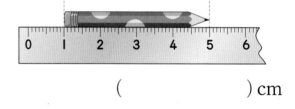

(   ) cm

6 선의 길이를 자로 재어 보세요.

(1) ───────────────────

□ cm

(2) ───────────

□ cm

길이 어림하기

- 길이가 자의 눈금 사이에 있을 때는 눈금과 가까운 쪽에 있는 숫자를 읽으며 숫자 앞에 약이라고 붙여 말합니다.

➡ **4** cm에 가깝기 때문에 약 **4** cm입니다.

- 어림한 길이를 말할 때에는 약 ☐ cm라고 합니다.

- ➡ 색연필을 어림한 길이는 약 **5** cm입니다.

개념잡기

❂ 어림한 길이와 자로 잰 길이의 차가 작을수록 실제 길이에 더 정확하게 어림한 것입니다.

개념확인 1

🖻 길이 어림하기

그림을 보고 ☐ 안에 알맞은 수를 써넣으세요.

크레파스

(1) 크레파스의 길이는 약 ☐ cm입니다.

(2) 크레파스의 길이를 자로 재어 보면 ☐ cm입니다.

개념확인 2

🖻 길이 어림하기

6 cm인 길이를 보고 주어진 선의 길이를 어림하여 보세요.

―――――――――――― **6 cm**

(1) ――――――――――   어림한 길이 : 약 (   ) cm

(2) ―――――――――――――   어림한 길이 : 약 (   ) cm

기본 문제를 통해 교과서 개념을 다져요.

단원
4

❶ □ 안에 알맞은 수를 써넣으세요.

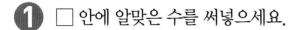

못의 길이는 약 □ cm입니다.

❷ Ⅰcm 길이의 나무막대를 보고 주어진 긴 나무막대의 길이를 어림하여 보세요.

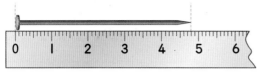 Ⅰcm

어림한 길이는 약 □ cm입니다.

❸ 선의 길이는 Ⅰcm입니다. 클립의 길이를 어림하여 보세요.

 Ⅰcm

어림한 길이 : 약 □ cm

❹ 선의 길이를 어림하고 자로 재어 보세요.

어림한 길이 : 약 (   ) cm
자로 잰 길이 :   (   ) cm

❺ 색 테이프의 길이를 어림하고 자로 재어 보세요.

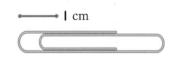

어림한 길이 : 약 (   ) cm
자로 잰 길이 :   (   ) cm

❻ 머리핀의 길이를 어림하고 자로 재어 보세요.

어림한 길이 : 약 (   ) cm
자로 잰 길이 :   (   ) cm

유형 **1** 여러 가지 단위로 길이 재기

• 길이를 잴 때 사용되는 여러 가지 단위

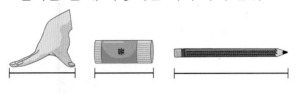

👑 다음은 우리 몸의 어느 부분으로 재는 것이 가장 적당한지 보기 에서 찾아 기호를 쓰세요.

[1-1~1-3]

보기
ㄱ
ㄴ
ㄷ

뼘   엄지손가락의   걸음
         너비

1-1 학교 정문에서 철봉까지의 거리

(   )

1-2 지우개의 길이

(   )

1-3 책상의 긴 쪽의 길이

(   )

1-4 리코더의 길이를 뼘으로 재어 보았습니다. 몇 뼘인가요?

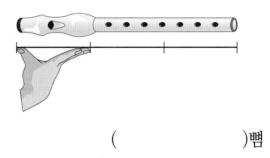

(   )뼘

1-5 주어진 선의 길이는 엄지손가락의 너비로 몇 번인가요?

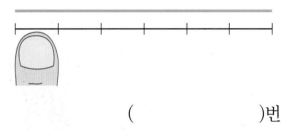

(   )번

1-6 주어진 길이는 막대 길이로 몇 번인가요?

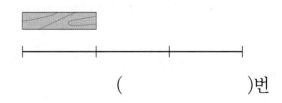

(   )번

1-7 클립을 이용하여 길이를 재었습니다. 칫솔의 길이는 클립으로 몇 번인가요?

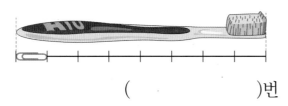

( )번

1-8 교실의 폭을 발걸음으로 재어 보았더니 13걸음이었습니다. 교실의 폭은 발걸음의 길이로 몇 번인가요?

( )번

🎓시험에 잘 나와요

1-9 색 테이프로 5번 잰 길이만큼 선을 그어 보세요.

████ 색 테이프

├─────┼─────┼─────┼─────┼─────┤

1-10 엽서의 긴 쪽의 길이와 짧은 쪽의 길이는 각각 주어진 단위길이로 몇 번인가요?

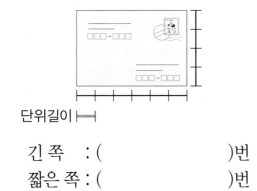

단위길이 ├─┤

긴 쪽 : ( )번
짧은 쪽 : ( )번

1-11 붓의 길이는 각각 주어진 단위 ㉮, ㉯로 몇 번인가요?

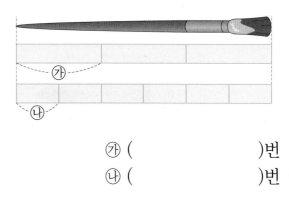

㉮ ( )번
㉯ ( )번

1-12 영수가 뼘으로 다음과 같이 길이를 재었습니다. 길이가 더 긴 것에 ○표 하세요.

| 식탁의 긴 쪽 | 7뼘 | ( ) |
| 냉장고의 긴 쪽 | 12뼘 | ( ) |

1-13 지우개의 길이를 단위로 하여 자와 연필의 길이를 잰 것입니다. 길이가 더 긴 학용품을 쓰세요.

학용품	자	연필
횟수(번)	7	3

( )

👑 수학 교과서의 긴 쪽의 길이를 다음 물건을 이용하여 재었습니다. 물음에 답하세요.

[1-14-1-15]

ㄱ 📎
ㄴ 크레파스
ㄷ 🔩
ㄹ 지우개

1-14 재어 나타낸 수가 가장 큰 물건을 찾아 기호를 쓰세요.

( )

1-15 재어 나타낸 수가 가장 작은 물건을 찾아 기호를 쓰세요.

( )

유형 **2** │cm 알아보기, 자로 길이 재기

• 자에서 큰 눈금 한 칸의 길이를 │ cm라 쓰고 │ 센티미터라고 읽습니다.
• 물건의 길이를 자로 잴 때에는 물건의 왼쪽 끝을 자의 눈금 **0**에 맞춘 다음, 오른쪽 끝이 가리키는 눈금의 숫자를 읽습니다.

➡ 건전지의 길이는 │ cm가 **4**번이므로 **4** cm입니다.

2-1 연필의 길이는 │ cm로 몇 번인가요?

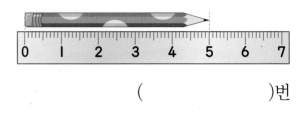

( )번

2-2 나뭇잎의 길이를 알아보려고 합니다. ▢ 안에 알맞은 수를 써넣으세요.

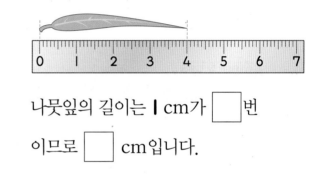

나뭇잎의 길이는 │ cm가 ▢번

이므로 ▢ cm입니다.

🏷 대표유형
2-3 ▢ 안에 알맞은 수를 써넣으세요.

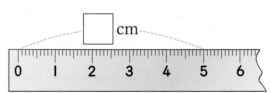

▢ cm

시험에 잘 나와요

2-4 선의 길이를 자로 재어 보세요.

(1) ————————

(   ) cm

(2) ——————————

(   ) cm

2-5 도형의 변의 길이를 자로 재어 □ 안에 알맞은 수를 써넣으세요.

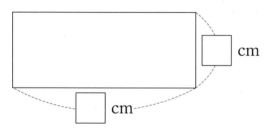

2-6 □ 안에 알맞은 수를 써넣으세요.

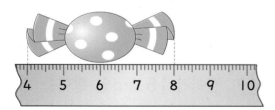

사탕의 길이는 자의 눈금 **4**부터 □ 까지

Ⅰcm가 □ 번이므로 □ cm입니다.

2-7 삼각형의 세 변의 길이를 자로 재었을 때, 가장 긴 변의 길이는 몇 cm인가요?

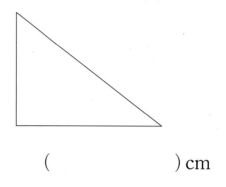

(   ) cm

유형 3   길이 어림하기

- 길이가 자의 눈금 사이에 있을 때는 눈금과 가까운 쪽에 있는 숫자를 읽으며 숫자 앞에 약이라고 붙여 말합니다.

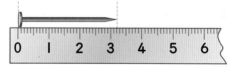

- 어림한 길이를 말할 때에는 약 □ cm라고 합니다.
- 길이를 어림할 때에는 Ⅰcm가 몇 번 정도 되는지 생각합니다.

3-1 선의 길이는 Ⅰcm입니다. 나무막대의 길이를 어림하여 보세요.

—— Ⅰcm

어림한 길이 : 약 (   ) cm

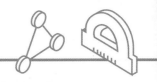

3-2 2 cm인 길이를 보고 주어진 선의 길이를 어림하여 보세요.

―――――― 2 cm

―――――――――――

어림한 길이 : 약 (　　　　　) cm

대표유형

3-3 선의 길이를 어림하고 자로 재어 보세요.

어림한 길이 : 약 (　　　　) cm
자로 잰 길이 :　(　　　　) cm

3-4 수수깡의 길이를 어림하고 자로 재어 보세요.

어림한 길이 : 약 (　　　　) cm
자로 잰 길이 :　(　　　　) cm

3-5 동민이와 예슬이가 온도계의 길이를 어림한 것입니다. 물음에 답하세요.

| 동민 | 약 7 cm |
| 예슬 | 약 4 cm |

(1) 온도계의 길이를 자로 재어 보세요.
(　　　　　　) cm

(2) 자로 잰 길이에 더 가깝게 어림한 사람은 누구인가요?
(　　　　　　　　)

3-6 **보기**에서 알맞은 길이를 골라 □ 안에 써넣어 문장을 완성해보세요.

보기
5 cm　　　　90 cm

(1) 지우개의 길이는 약 [　　] 입니다.

(2) 우산의 길이는 약 [　　] 입니다.

3-7 길이가 15 cm인 빨대를 영수와 친구들이 어림한 것입니다. 누가 실제 길이에 가장 가깝게 어림했나요?

영수	한별	효근
약 13 cm	약 17 cm	약 14 cm

(　　　　　　　　)

👑 그림을 보고 물음에 답하세요. [1~3]

1 막대 ㉮, ㉯, ㉱를 가장 짧은 것부터 순서대로 쓰세요.

(   )

2 주사기의 길이는 각 막대의 길이로 몇 번인가요?

막대 ㉮ (   )번
막대 ㉯ (   )번
막대 ㉱ (   )번

3 막대 ㉮, ㉯, ㉱ 중 어느 막대의 길이로 재어 나타낸 수가 가장 큰가요?

(   )

4 우리 몸의 일부분으로 길이를 잴 때, 가장 알맞은 것의 기호를 쓰세요.

> ㉠ 뼘   ㉡ 발걸음
> ㉢ 엄지손가락 너비

(1) 강당의 긴 쪽의 길이
(   )
(2) 클립의 길이
(   )

5 ㉮와 ㉯의 길이는 각각 몇 cm인가요?

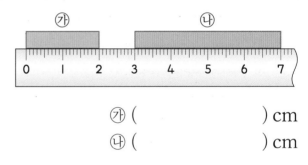

㉮ (   ) cm
㉯ (   ) cm

6 ㉮의 길이가 **2** cm일 때, ㉯의 길이는 몇 cm인가요?

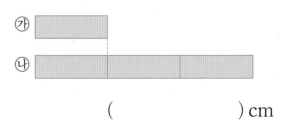

(   ) cm

단원
4

7 색 테이프 ㉮와 ㉯의 길이의 합은 몇 cm인가요?

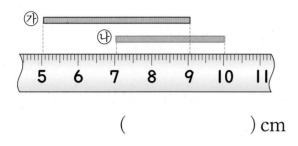

(   ) cm

8 다음 중 **7** cm인 선을 바르게 그은 것은 어느 것인가요? (   )

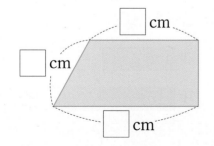

9 사각형의 각 변의 길이를 재어 □ 안에 알맞은 수를 써넣으세요.

□ cm

□ cm

□ cm

10 그림에서 연필의 길이는 **15** cm라고 합니다. 못과 볼펜의 길이는 각각 몇 cm인가요?

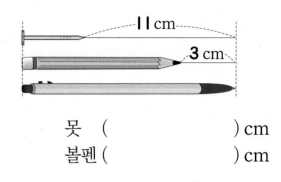

못   (   ) cm
볼펜 (   ) cm

11 가영이가 어림한 식탁의 높이는 약 **73** cm이고, 자로 잰 식탁의 높이는 **75** cm입니다. 어림한 길이와 자로 잰 실제 길이의 차는 몇 cm인가요?

(   ) cm

12 실제 길이가 **13** cm인 끈의 길이를 다음과 같이 어림하였습니다. 실제 길이에 더 가깝게 어림한 사람은 누구인가요?

효근	약 **12** cm
영수	약 **15** cm

(   )

서술 유형 익히기

주어진 풀이 과정을 함께 해결하면서
서술형 문제의 해결 방법을 익혀요.

유형 1

자로 색 테이프의 길이를 잘못 잰 것을 찾아 기호를 쓰고 그 이유를 설명하세요.

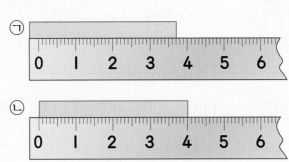

📝설명 자로 색 테이프의 길이를 잘못 잰 것은 □ 입니다. 그 이유는 색 테이프의 왼쪽 끝

을 자의 눈금 □ 에 맞추지 않았기 때문입니다.

답 □

예제 1

자로 연필의 길이를 <u>잘못</u> 잰 것을 찾아 기호를 쓰고 그 이유를 설명하세요. [4점]

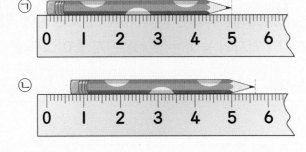

📝설명

답

유형 2

지혜의 엄지손가락의 너비는 **1** cm입니다. 엄지손가락의 너비를 이용하여 색연필의 길이를 재어 보니 **7**번 잰 길이와 같았습니다. 이 색연필의 길이는 몇 cm인지 풀이 과정을 쓰고 답을 구하세요.

풀이 엄지손가락의 너비가 ☐ cm이고, 잰 횟수는 ☐ 번이므로

색연필의 길이는 1 + 1 + 1 + 1 + 1 + 1 + ☐ = ☐ (cm)입니다.

답 ☐ cm

예제 2

가영이의 한 뼘의 길이는 **12** cm입니다. 한 뼘의 길이를 이용하여 의자의 높이를 재어 보니 **3**번 잰 길이와 같았습니다. 이 의자의 높이는 몇 cm인지 풀이 과정을 쓰고 답을 구하세요.

[4점]

풀이

답 cm

놀이 수학

① 길이가 **4** cm인 곧은 선으로 점을 연결하여 출발점에서 도착점까지 연결해 보세요.

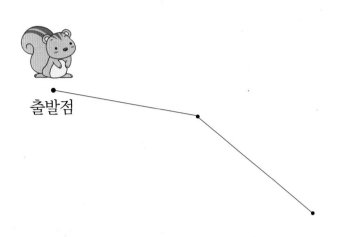

출발점

 도착점

점수

1 뼘으로 색 테이프의 길이를 재었습니
③점 다. 색 테이프의 길이는 몇 뼘인가요?

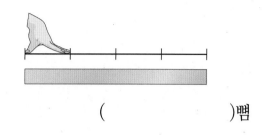

( )뼘

2 막대의 길이로 **3**번 잰 길이만큼 색칠하
③점 세요.

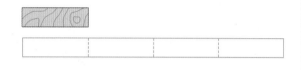

3 붓의 길이는 클립의 길이로 몇 번인가
③점 요?

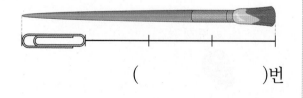

( )번

👑 선의 길이를 색 테이프 ㉮, ㉯, ㉰로 재어 보
려고 합니다. 물음에 답하세요. [4~6]

㉮
㉯
㉰

4 색 테이프 ㉮, ㉯, ㉰ 중 어느 것이 가
③점 장 짧은가요?

( )

5 선의 길이는 색 테이프 ㉮, ㉯, ㉰로 각
④점 각 몇 번인가요?

색 테이프 ㉮ ·············· ☐ 번

색 테이프 ㉯ ············· ☐ 번

색 테이프 ㉰ ············· ☐ 번

6 색 테이프 ㉮, ㉯, ㉰ 중 선의 길이를
④점 재어 나타낸 수가 가장 큰가요?

( )

7 다음 중 길이를 재는 데 가장 정확한 단
④점 위는 어느 것인가요? ( )

① 뼘 ② cm(센티미터)
③ 양팔 ④ 발걸음
⑤ 엄지손가락의 너비

8 Ⅰ 센티미터를 바르게 쓴 것은 어느 것인가요? (   )

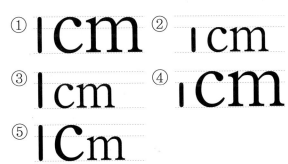

9 다음 중 지우개의 길이를 바르게 잰 것은 어느 것인가요? (   )

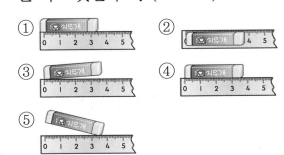

10 철사의 길이는 Ⅰ cm로 몇 번인가요?

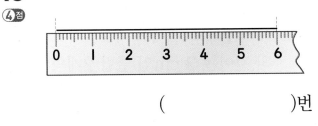

(   )번

11 못의 길이는 몇 cm인지 쓰고, 읽어 보세요.

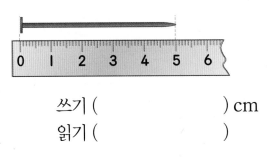

쓰기 (   ) cm

읽기 (   )

12 □ 안에 알맞은 수를 써넣으세요.

Ⅰcm로 **7**번은 □ cm입니다.

13 도형의 변의 길이를 자로 재어 □ 안에 알맞은 수를 써넣으세요.

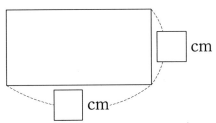

14 자를 사용하여 점선을 따라 길이가 **6** cm인 선을 그어 보세요.

15 지우개의 길이를 어림하고 자로 재어
(4점) 보세요.

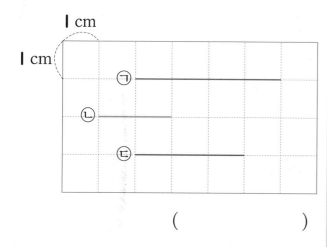

어림한 길이 : 약 (　　　　　) cm
자로 잰 길이 : 　 (　　　　　) cm

16 사각형의 각 변의 길이는 1 cm입니다.
(4점) 가장 긴 선을 찾아 기호를 쓰세요.

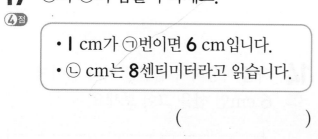

(　　　　　　)

17 ㉠과 ㉡의 합을 구하세요.
(4점)

- 1 cm가 ㉠번이면 6 cm입니다.
- ㉡ cm는 8센티미터라고 읽습니다.

(　　　　　　)

18 면봉의 길이는 몇 cm인가요?
(4점)

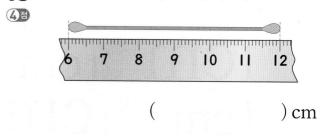

(　　　　　　) cm

19 길이가 28 cm인 선의 길이를 자로 재
(4점) 려고 합니다. 길이가 7 cm인 자로 몇
번을 재어야 하나요?

(　　　　　　)번

20 클립을 사용하여 수첩의 긴 쪽의 길이
(4점) 를 재었더니 클립의 길이로 5번이었습
니다. 클립의 길이가 3 cm일 때, 수첩
의 긴 쪽의 길이는 몇 cm인가요?

(　　　　　　) cm

21 가영이의 막대의 길이는 4 cm인 성냥
(4점) 개비 2개의 길이와 같고, 지혜의 막대
의 길이는 3 cm인 클립 2개의 길이와
같습니다. 누구의 막대가 더 긴가요?

(　　　　　　)

서술형

22 동민이의 한 뼘의 길이는 **10** cm입니다. 동민이가 책꽂이의 긴 쪽의 길이를 재어 보았더니 **4**뼘이고, 짧은 쪽의 길이는 **2**뼘이었습니다. 책꽂이의 긴 쪽의 길이와 짧은 쪽의 길이의 차는 몇 cm인지 풀이 과정을 쓰고 답을 구하세요.

풀이

답 _____ cm

23 ㉠의 길이가 **2** cm라면, ㉡의 길이는 몇 cm인지 풀이 과정을 쓰고 답을 구하세요.

㉠├────────┤
㉡├────┼────┼────┤

풀이

답 _____ cm

24 색 테이프의 길이를 자로 재었더니 **5** cm이었습니다. 실제 길이에 가장 가깝게 어림한 사람은 누구인지 풀이 과정을 쓰고 답을 구하세요.

- 한별 : 약 **8** cm 될 걸.
- 예슬 : 약 **7** cm 되어 보여.
- 웅이 : 약 **4** cm 되는 것 같아.

풀이

답 _____

25 교실의 긴 쪽의 길이를 걸음으로 재어 보았더니 상연이는 **10**걸음, 한솔이는 **12**걸음, 석기는 **14**걸음이었습니다. 세 사람 중에서 한 걸음의 길이가 가장 긴 사람은 누구인지 풀이 과정을 쓰고 답을 구하세요.

풀이

답 _____

유리병 실로폰을 만들기 위해 병 안에 물감을 탄 물을 담은 것입니다. 물음에 답하세요.

[1~3]

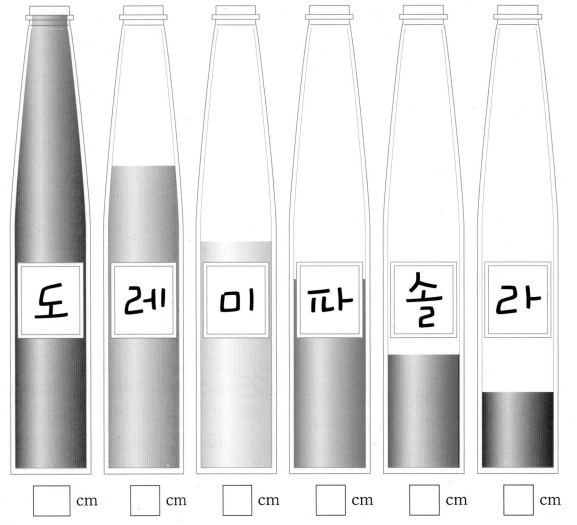

| 도 | 레 | 미 | 파 | 솔 | 라 |

☐ cm   ☐ cm   ☐ cm   ☐ cm   ☐ cm   ☐ cm

1 물의 높이를 각각 재어 보세요.

2 두드려 '도'음이 나는 유리병의 물의 높이는 '파'음이 나는 유리병의 물의 높이보다 몇 cm 더 높은가요?

(   ) cm

3 두드려 '솔'음이 나는 유리병의 물의 높이는 '레'음이 나는 유리병의 물의 높이보다 몇 cm 더 낮는가요?

(   ) cm

약?

엉뚱이네 동네에는 약국이 여러 군데 있어요. 엉뚱이는 가끔 약국에 들어가서는 '약 주세요!'하기도 해요. 무슨 약이냐고, 어디가 아프냐고 물으면 우물쭈물 말을 못해요. 사실은 날씨가 정말 더워서 잠깐 에어컨 바람을 쐬려고 들어간 거였거든요. 동네 약국에서는 엉뚱이를 다 알아요. 약을 사러 오는 것이 아니라 에어컨 바람을 쐬러 오는 아이라는 걸. 엉뚱이는 사실 동네 어른들이 붙여준 별명이에요. 약국에서 엉뚱이를 본 어른들은 엉뚱이가 약을 사는 걸 한 번도 본적이 없거든요.

'언젠가는 나도 약을 사야지'라고 마음을 먹지만 엉뚱이는 정말 건강해서 감기 한 번도 안 걸리거든요. 하루 종일 뛰어놀지만 넘어지지도 않고, 기둥에 머리를 쾅!하고 부딪혀도 혹이 안 나요. 피도 물론 안 나오지요. 다른 친구들은 코피도 나고, 아폴로 눈병도 걸리고, 수족구, 수두 할 것 없이 여러 가지 병에 시달리는데 엉뚱이는 도무지 약을 먹을 일이 없었다니까요.

그러던 어느 날 엉뚱이에게 드디어 약을 살 일이 생겼어요. 엉뚱이가 기르는 고양이가 아팠거든요. 눈에서 눈물이 나고 눈꼽이 끼고, 가려운지 자꾸만 발로 눈을 비비니까 눈이 시뻘겋게 되었거든요.

"고양이 눈 약 주세요."

약사님이 빙긋 웃으시면서 고양이 약은 없다고 하셨어요. 그러면서 여기서 약 5분쯤 가면 동물 병원이 있다고 하셨어요.

'약 5분? 5분이면 5분이지 약 5분은 뭐지?'

엉뚱이는 동물 병원을 찾아가서는 무작정 약을 달라고 했어요.

"약을 어디에 쓰려고 그러니?"

친절한 원장님이 물으셨어요. 고양이가 아픈 이야기를 했더니 껄껄 웃으시면서 약 30분 후에는 문을 닫을 거니까 얼른 고양이를 데려오라고 하셨어요.

'약 30분? 그건 또 뭐지? 어른들은 왜 말끝마다 약 약 한담!'

부리나케 집으로 왔지만 고양이는 병원에 가기 싫은 건지 장롱 위에 올라가서 내려오질 않더니 갑자기 아래로 뛰어내렸다가 다시 후다다닥 뛰어올라가요.

"고양이가 약을 올리는구나!"

엄마도 '약'이라고 하시네요. 웬 '약'이 이렇게도 많을까요.

30분이 후다닥 지나갔어요. 병원 문을 닫았을 거라고 생각하니 엉뚱이는 속이 상했지요.

"엄마, '약'이 뭐에요? 고양이가 약 올리는 건 알겠는데 약 5분, 약 30분, 이런 말이 뭐에요?"

엄마는 방에서 작은 눈금이 없는 시계를 가지고 오시더니 나에게 시각을 물어 보셨어요.

"10시 30분인가? 10시 30분에 가깝긴 한데……"

그러자 엄마는 긴바늘을 조금 더 돌려 놓으시고는 다시 시각을 물어 보셨어요.

"음…… 이번에는 10시 30분을 조금 넘었는데……"

엄마는 "이렇게 정확히 10시 30분은 아니지만 10시 30분에 가까운 경우 약 10시 30분이라고 하는거야."라고 알려주셨어요.

엄마는 옷을 만들 때 쓰시던 줄자를 가져다 주시면서 이것저것의 길이를 재어 보라고 하셨어요. '약'이라는 말은 길이 재기에도 쓰인다면서요. 고양이가 어느새 장롱에서 내려와 엉뚱이 무릎에 앉아 있기에 줄자로 고양이의 몸길이를 재어 봤어요.

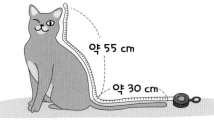

"엄마, 고양이 몸길이는 꼬리까지인가요? 아니면 꼬리 전까지인가요?"

"어휴, 저 녀석 또 엉뚱한 걸 묻네!"

부엌에서 설거지 하시던 어머니도 고개를 갸웃하셨어요.

고양이의 몸길이를 꼬리 길이까지 재었더니 85 cm가 조금 더 되었습니다. 고양이의 몸 길이를 꼬리까지 재면 약 몇 cm인가요?

5 단원 분류하기

이번에 배울 내용

1 분류하기

2 분류하고 세어 보기

3 분류한 결과 알아보기

이전에 배운 내용

- 입체도형 분류하기
- 평면도형 분류하기
- 물건의 수 세기

다음에 배울 내용

- 분류한 자료를 표와 그래프로 나타내기
- 막대그래프로 나타내기

분류하기

• 가영이네 모둠 학생들이 좋아하는 채소입니다.

배추	오이	당근	오이	배추	양파	고추
고추	무	고추	오이	무	배추	당근

• 가영이네 모둠 학생들이 좋아하는 채소의 이름을 적어 분류하면 다음과 같습니다.

배추	오이	당근	양파	고추	무

개념잡기

• 어떤 기준을 정해서 나누는 것을 분류라고 합니다.
• 조사한 내용을 분류할 때에는 모양, 크기, 색깔 등 분명한 기준으로 분류합니다.

주의 조사하여 정리할 때에는 조사한 것을 중복해서 쓰거나 빠뜨리지 않도록 합니다.

개념확인 1

📖 분류하기

물건의 이름을 빈칸에 적어 같은 모양끼리 분류하여 보세요.

수학 교과서 필통 풀 야구공 지우개 주사위 지구본 저금통 구슬

모양			
(육면체)	수학 교과서		
(원기둥)			
(구)			

개념확인 2

📖 분류하기

어떤 동물들이 있는지 동물의 종류를 빈칸에 적어 분류하여 보세요.

고양이			

기본 문제를 통해 교과서 개념을 다져요.

① 물건을 색깔에 따라 분류하여 선으로 이어 보세요.

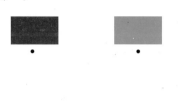

👑 도형을 보고 분류 기준에 따라 분류 하려고 합니다. 빈칸에 알맞은 기호를 써넣으세요.

[2~3]

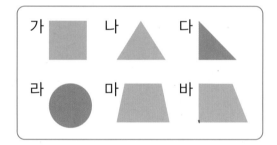

② 도형을 색깔에 따라 분류해 보세요.

③ 도형을 모양에 따라 분류해 보세요.

삼각형	
사각형	
원	

④ 동민이네 반 학생들이 좋아하는 과일을 조사한 것입니다. 좋아하는 과일의 이름을 빈칸에 적어 분류하여 보세요.

수박	사과	참외	수박	사과
포도	사과	딸기	참외	사과
포도	참외	수박	딸기	사과

수박			

👑 영수네 반 학생들이 좋아하는 꽃을 조사한 것입니다. 물음에 답하세요. [5~6]

영수	준하	동민	명수	가영
튤립	나팔꽃	장미	장미	해바라기
웅이	승기	효근	종민	상연
국화	해바라기	장미	나팔꽃	튤립
한솔	지혜	석기	송희	상우
장미	장미	튤립	해바라기	국화

⑤ 좋아하는 꽃의 이름을 빈칸에 적어 분류하여 보세요.

⑥ 가영이가 좋아하는 꽃은 무엇인가요?

( )

단원
5

분류하고 세어 보기

• 지혜네 모둠 학생들이 좋아하는 동물입니다.

강아지	강아지	병아리	토끼	강아지	강아지
토끼	오리	돼지	강아지	병아리	돼지

• 지혜네 모둠 학생들이 좋아하는 동물을 분류하여 세어 보면 다음과 같습니다.

동물	강아지	병아리	토끼	오리	돼지
세면서 표시 하기	卌	//	//	/	//
학생 수 (명)	5	2	2	1	2

• 가장 많은 학생들이 좋아하는 동물은 강아지입니다.

개념잡기

분류하여 세어 본 것을 표로 나타내면 가장 많은 것과 가장 적은 것 등을 한눈에 알 수 있습니다.

(주의) 분류하여 셀 때에는 같은 종류별로 ○, V, / 등의 표시를 하면서 빠뜨리거나 중복하여 세지 않도록 합니다.

개념확인 1 📋 분류하고 세어보기

여러 운동 종목들을 조사하였습니다. 물음에 답하세요.

농구 　마라톤 　쇼트트랙 　배구 　피겨스케이팅 야구 　멀리뛰기 　수영

(1) 운동 종목들을 분류한 기준으로 알맞은 것에 ○표 하세요.

공을 사용하는 것과 공을 사용하지 않는 것	좋아하는 것과 싫어하는 것
(　　)	(　　)

(2) (1)에서 정해진 기준에 따라 운동 종목들을 분류하고 그 수를 세어 보세요.

기준		
운동 종목		
종목 수(개)		

기본 문제를 통해 교과서 개념을 다져요.

1 가영이는 가족들과 함께 쓰레기를 분리 배출 하기 위해 정리하였습니다. 물음에 답하세요.

정리 후

(1) 분류하는 기준으로 알맞은 것을 찾아 기호를 쓰세요.

> ㉠ 마실 수 있는 것과 마실 수 없는 것
> ㉡ 종이류와 플라스틱류

( )

(2) (1)에서 정한 기준에 따라 분류하여 그 수를 세어 보세요.

종류		
수(개)		

2 다음은 지혜가 옷의 종류에 따라 분류한 것입니다. 분류 기준에 따라 분류하여 그 수를 세어 보세요.

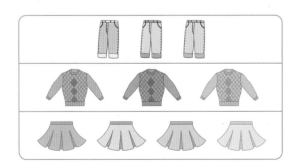

종류	바지	스웨터	치마
세면서 표시하기			
옷의 수(개)			

단원 5

👑 돈을 기준에 따라 분류하여 세어 보세요.

[3~4]

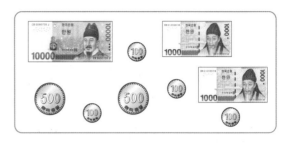

3 돈을 종류에 따라 분류하여 그 수를 세어 보세요.

돈	동전	지폐
세면서 표시하기		
수	개	장

4 돈을 같은 금액에 따라 분류하여 그 수를 세어 보세요.

돈	백원	오백원	천원	만원
수	개	개	장	장

5 민석이가 말하는 기준에 알맞은 수 카드는 모두 몇 장인가요?

43	68	101
231	5	459

> 세 자리 수가 쓰여 있는 보라색 카드입니다.

민석

( )장

◯ 분류한 결과 알아보기

유승이네 반 학생들이 좋아하는 사탕을 기준을 정해 분류하고 분류 결과를 알아보기

(1) 기준에 따라 분류하고 그 수를 세어보기

분류 기준 1	모양	
모양	⬜	⚪
세면서 표시 하기	////	///// /
사탕 수 (개)	4	6

분류 기준 2	색깔	
모양	푸른색	빨간색
세면서 표시 하기	////	///// /
사탕 수 (개)	4	6

(2) 분류한 결과 알아보기

① 더 많은 학생들이 좋아하는 사탕 모양은 ⚪ (공 모양)입니다.

② 더 적은 학생들이 좋아하는 사탕의 색깔은 푸른색입니다.

개념확인 1

📖 분류한 결과 알아보기

한별이네 반 학생들이 좋아하는 놀이 기구를 조사한 것입니다. 물음에 답하세요.

우주 관람차	바이킹	회전목마	회전목마	바이킹	급류타기
회전목마	우주 관람차	바이킹	급류타기	급류타기	회전목마

(1) 놀이 기구를 분류하여 세어 보세요.

놀이 기구	우주 관람차	바이킹	회전목마	급류타기
학생 수(명)	2			

(2) 가장 많은 학생들이 좋아하는 놀이 기구는 무엇인가요?

( )

기본 문제를 통해 교과서 개념을 다져요.

👑 어느 달의 날씨를 조사한 것입니다. 물음에 답하세요. [1~4]

일	월	화	수	목	금	토
1 ☀️	2 ☀️	3 ☀️	4 ☀️	5 ☁️	6 ☀️	7 ☁️
8 ☀️	9 ☁️	10 ☂️	11 ☂️	12 ☁️	13 ☁️	14 ☀️
15 ☀️	16 ☀️	17 ☀️	18 ☀️	19 ☀️	20 ☀️	21 ☁️
22 ☁️	23 ☂️	24 ☀️	25 ☀️	26 ☀️	27 ☂️	28 ☂️
29 ☁️	30 ☁️					

☀️ 맑은 날   ☁️ 흐린 날   ☂️ 비 온 날

1 날씨는 종류별로 모두 몇 가지인가요?

(　　　　　)가지

2 날씨를 분류하여 세어 보세요.

날씨	☀️ 맑은 날	☁️ 흐린 날	☂️ 비 온 날
날수(일)			

3 날씨는 어떤 날이 가장 많은가요?

(　　　　　　)

4 날씨는 어떤 날이 가장 적은가요?

(　　　　　　)

5 한솔이가 모은 붙임딱지입니다. 가장 많은 모양을 찾아보세요.

(1) 모양에 따라 분류하여 그 수를 세어 보세요.

모양	▲	★	■
세면서 표시하기			
붙임딱지 수(개)			

(2) 가장 많은 모양을 찾아 ◯표 하세요.

(▲ , ★ , ■)

6 상연이네 반 학생들이 좋아하는 운동입니다. 정해진 기준에 따라 분류하여 그 수를 세어 보고, 다음 체육 시간에 어떤 운동을 하면 좋은지 ☐ 안에 알맞은 말을 써 보세요.

축구	야구	농구	배구	축구
야구	농구	축구	야구	축구
농구	배구	야구	축구	축구
야구	축구	농구	배구	축구

분류 기준 : 운동 종목

종목				
세면서 표시하기				
학생 수(명)				

➡️ 가장 많은 학생들이 좋아하는 운동은 ☐ 이므로 다음 체육 시간에는 ☐ 를 하면 좋겠습니다.

단원 5

유형 **1** | 분류하기

어떤 기준을 정해서 나누는 것을 분류라고 합니다.

▶대표유형

1-1 상연이와 친구들이 좋아하는 운동을 조사한 것입니다. 좋아하는 운동 종목을 빈칸에 적어 분류하여 보세요.

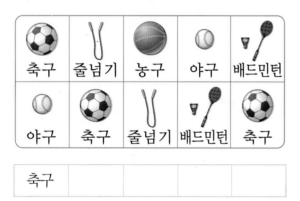

축구			

1-2 영수네 반 학생들이 좋아하는 간식을 조사한 것입니다. 좋아하는 간식 종류를 빈칸에 적어 분류하여 보세요.

떡볶이			

👑 석기가 가지고 있는 모양 조각입니다. 모양 조각을 기준에 따라 분류해 보려고 합니다. 빈칸에 알맞은 기호를 써넣으세요. [1-3-1-4]

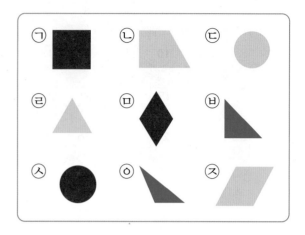

1-3

분류 기준 : 모양 조각의 색

빨간색

노란색   초록색

1-4

분류 기준 : 변의 수

3개

4개   0개

유형 2 분류하고 세어 보기

분류하여 셀 때 ○, ∨, / 등의 표시를 하면서 빠뜨리거나 중복하여 세지 않도록 합니다.

2-1 웅이네 반 학생들이 가 보고 싶어 하는 나라를 조사한 것입니다. 가 보고 싶어 하는 나라를 분류하여 그 수를 세어 보세요.

중국	미국	일본	프랑스
미국	일본	중국	중국
미국	프랑스	일본	일본

나라	중국	미국	일본	프랑스
세면서 표시하기				
학생 수(명)				

2-2 예슬이네 반 학생들의 장래 희망을 조사한 것입니다. 빈칸에 알맞은 수나 말을 써넣으세요.

선생님	의사	선생님	가수
소방관	가수	경찰관	의사
의사	소방관	의사	선생님
경찰관	선생님	의사	경찰관

장래 희망	선생님		가수	소방관
학생 수(명)	5			3

유형 3 분류한 결과 알아보기

어떻게 분류했는지 알아보고, 분류를 하면 어떤 점이 편리한지 생각해 봅니다.

♔ 영수네 반 학생들이 좋아하는 음식을 조사한 것입니다. 물음에 답하세요. [3-1~3-3]

스파게티	치킨	햄버거	피자	스파게티
피자	햄버거	스파게티	피자	치킨
피자	치킨	피자	치킨	피자

3-1 좋아하는 음식을 분류하여 세어 보세요.

음식	스파게티	치킨	햄버거	피자
세면서 표시하기				
학생 수(명)				

3-2 가장 많은 학생들이 좋아하는 음식은 무엇인가요?

(   )

3-3 3-1 와 같이 조사한 내용을 분류하면 어떤 점이 좋은지 써 보세요.

👑 가영이네 반 학생들이 좋아하는 과일을 조사한 것입니다. 물음에 답하세요. [3-4~3-6]

참외	포도	딸기	수박
수박	사과	참외	포도
참외	수박	참외	딸기
참외	수박	딸기	포도

3-4 좋아하는 과일을 분류하여 세어 보세요.

과일	참외	포도	딸기	수박	사과
학생 수(명)					

3-5 가장 많은 학생들이 좋아하는 과일은 무엇인가요?

( )

3-6 가영이네 반 학생들은 딸기와 수박 중에서 무엇을 더 좋아하나요?

( )

👑 상연이네 반 학생들이 가지고 있는 공을 조사한 것입니다. 물음에 답하세요. [3-7~3-9]

3-7 공의 종류에 따라 분류하여 그 수를 세어 보세요.

공의 종류	축구공	야구공	농구공	배구공
학생 수(명)				

3-8 올바른 것을 찾아 기호를 쓰세요.

> ㉠ 배구공은 **5**명이 가지고 있습니다.
> ㉡ 야구공과 농구공을 가지고 있는 학생 수는 같습니다.
> ㉢ **2**명만 가지고 있는 공은 야구공입니다.

( )

3-9 축구공을 가지고 있는 학생 수와 배구공을 가지고 있는 학생 수의 차는 몇 명인가요?

( )명

1 사람들이 좋아하는 채소를 조사한 것입니다. 사람들이 좋아하는 채소에는 어떤 것들이 있는지 채소 종류를 빈칸에 적어보세요.

당근	가지	배추	가지	당근
가지	배추	당근	고추	오이
오이	가지	고추	배추	당근

1 소풍날 지혜네 반 친구들의 모습입니다. 물음에 답하세요. [2~3]

남자	남자	여자	남자	여자
여자	남자	여자	남자	남자
남자	여자	남자	여자	여자

2 모자를 쓴 남자 어린이는 몇 명인가요?

( )명

3 안경을 쓰고 모자를 쓰지 않은 여자 어린이는 몇 명인가요?

( )명

1 영수네 반 학생들이 좋아하는 운동을 조사한 것입니다. 물음에 답하세요. [4~7]

야구	축구	농구	수영	야구
축구	야구	스키	야구	축구
수영	스키	야구	수영	스키

4 빈칸에 알맞은 수나 말을 써넣으세요.

운동		축구		수영	스키
학생 수(명)	5				

5 가장 많은 학생이 좋아하는 운동은 무엇인가요?

( )

6 가장 적은 학생이 좋아하는 운동은 무엇인가요?

( )

7 수영을 좋아하는 학생이 농구를 좋아하는 학생보다 몇 명 더 많은가요?

( )명

동민이가 학교생활을 반성한 표입니다. 물음에 답하세요. [8~9]

😁 잘함 😊 보통 😐 못함

	월	화	수	목	금
숙제는 잘 했나요?	😐	😊	😁	😁	😊
친구들과 사이좋게 지냈나요?		😁	😊	😐	😁
발표는 잘 했나요?	😊	😁	😁	😁	😁
밥은 잘 먹었나요?	😁	😁	😐	😁	😊

8 월요일부터 금요일까지 동민이의 학교생활 태도를 분류하여 세어 보세요.

학교생활 태도	😁 잘함	😊 보통	😐 못함
수			

9 동민이의 학교생활 태도를 분류하여 세어 본 결과를 볼 때 동민이의 학교생활 태도는 어떠한지 이야기 해 보세요.

_____

_____

_____

가영이네 반 학생들이 입고 있는 옷의 단추를 조사한 것입니다. 물음에 답하세요. [10~13]

10 모양에 따라 분류하여 세어 보세요.

모양	○	⬡	△	▢
수(개)				

11 색깔에 따라 분류하여 세어 보세요.

색깔	빨간색	파란색	노란색
수(개)			

12 구멍 수에 따라 분류하여 세어 보세요.

구멍 수	2개	3개	4개
수(개)			

13 구멍이 **2**개이면서 파란색인 단추는 몇 개인가요?

(   )개

주어진 풀이 과정을 함께 해결하면서
서술형 문제의 해결 방법을 익혀요.

유형 1

웅이의 친구들이 받고 싶어 하는 선물을 조사한 것입니다. 받고 싶어 하는 선물의 종류는 모두 몇 가지인지 풀이 과정을 쓰고 답을 구하세요.

책	인형	공	책
로봇	공	로봇	책
인형	로봇	공	책

풀이 친구들이 받고 싶어 하는 선물의 이름을 적어 분류하면 ⬚ , ⬚ , ⬚ , ⬚

으로 모두 ⬚ 가지입니다.

답 ⬚ 가지

예제 1

예슬이의 친구들이 좋아하는 색깔을 조사한 것입니다. 좋아하는 색깔의 종류는 모두 몇 가지인지 풀이 과정을 쓰고 답을 구하세요. [4점]

빨간색	노란색	파란색	분홍색
노란색	빨간색	초록색	파란색
초록색	초록색	파란색	주황색

풀이

답 _____ 가지

유형 **2**

> 과일들을 내가 정한 기준에 따라 분류해 보고 어떤 기준으로 분류하였는지 설명해 보세요.
>
> 사과　바나나　참외　딸기　레몬　토마토

✏️ 설명

빨간색	사과, ☐, ☐
노란색	바나나, ☐, ☐

사과, ☐, ☐ 는 색깔이 모두 빨간색이고, 바나나, ☐, ☐ 은 색깔이

모두 노란색이므로 ☐ 에 따라 분류하였습니다.

예제 **2**

> 동물들을 내가 정한 기준에 따라 분류해 보고 어떤 기준으로 분류하였는지 설명해 보세요.
>
> [5점]
>
> 코끼리　닭　기린　물고기　참새　돼지　달팽이

✏️ 설명

_____

_____

_____

_____

_____

예슬이는 상연이가 말한 분류 기준에 알맞은 도형을 찾고, 상연이는 예슬이가 말한 분류 기준에 알맞은 도형을 찾는 놀이를 하고 있습니다. 물음에 답하세요. [1~2]

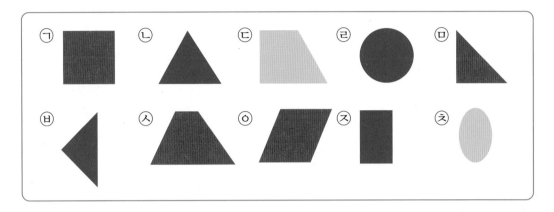

1 예슬이가 말한 분류 기준입니다. 상연이가 찾아야 하는 도형을 모두 찾아 기호를 쓰세요.

빨간색이면서 변의 수가 **4**개인 도형

( )

2 상연이가 말한 분류 기준입니다. 예슬이가 찾아야 하는 도형을 모두 찾아 기호를 쓰세요.

파란색이면서 꼭짓점의 수가 **3**개인 도형

( )

1 같은 모양끼리 분류하여 물건의 이름을 빈칸에 적어 보세요. (3점)

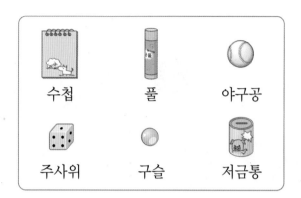

	수첩	

2 석기네 반 학생들이 좋아하는 색깔을 조사한 것입니다. 물음에 답하세요. [2~3]

석기	가영	은정	지용
노란색	초록색	빨간색	파란색
지숙	한별	승주	웅이
보라색	노란색	빨간색	빨간색
재석	진영	선주	동민
보라색	파란색	초록색	빨간색

2 노란색을 좋아하는 학생의 이름을 모두 쓰세요. (3점)

( )

3 석기네 반 학생들이 좋아하는 색깔은 무엇인지 색깔에 따라 분류하여 보세요. (4점)

노란색			

[오른쪽] 한별이의 친구들이 여행을 갈 때 타고 싶어 하는 것을 조사한 것입니다. 물음에 답하세요. [4~7]

한별	수희	민지	명수
기차	비행기	자전거	비행기
진운	효민	재성	세정
비행기	배	비행기	배
예슬	효근	지혜	상민
기차	비행기	기차	비행기
성진	지연	재우	가영
자전거	비행기	배	기차

4 효근이가 타고 싶어 하는 것은 무엇인가요? (4점)

( )

5 친구들이 타고 싶어 하는 것을 모두 쓰세요. (4점)

( )

6 친구들이 타고 싶어 하는 것은 모두 몇 가지인가요? (4점)

( )가지

7 기차를 타고 싶어 하는 친구의 이름을 모두 쓰세요. (4점)

( )

단원 5

👑 동물을 기준을 세워 분류하려고 합니다. 물음에 답하세요. [8~10]

코끼리	강아지	참새
앵무새	다람쥐	소
제비	토끼	

8 (4점) 다리의 수에 따라 분류하여 보세요.

| 다리가 2개 | |
| 다리가 4개 | |

9 (4점) 날개가 있는 동물과 날개가 없는 동물로 분류하여 보세요.

| 날개가 있음 | |
| 날개가 없음 | |

10 (4점) 위 **9**에서 기준에 따라 분류한 동물의 수를 세어 보세요.

분류	날개가 있음	날개가 없음
수(마리)		

👑 예슬이네 반 학생들이 좋아하는 동물을 조사한 것입니다. 물음에 답하세요. [11~14]

예슬	예지	하영	동현	수진
사자	사슴	코끼리	사슴	호랑이
미현	웅이	성우	재웅	시흠
코끼리	기린	호랑이	사자	호랑이
지윤	가영	유선	선민	경민
호랑이	호랑이	코끼리	사자	사슴
진영	동호	성희	영수	정수
사슴	사슴	사자	기린	호랑이

11 (4점) 좋아하는 동물에 따라 분류하여 세어 보세요.

동물	사자	사슴	코끼리	호랑이	기린
세면서 표시하기					
학생 수(명)					

12 (4점) 가장 적은 학생들이 좋아하는 동물은 무엇인가요?

( )

13 (4점) 가장 많은 학생들이 좋아하는 동물은 무엇인가요?

( )

14 (4점) 사자를 좋아하는 학생 수와 호랑이를 좋아하는 학생 수의 차는 몇 명인가요?

( )명

👑 어느 해 **2**월의 날씨를 달력에 표시한 것입니다. 물음에 답하세요. [**15~17**]

일	월	화	수	목	금	토
1	2	3	4	5	6	7
8	9	10	11	12	13	14
15	16	17	18	19	20	21
22	23	24	25	26	27	28

☀️맑은 날, 🐟흐린 날, ☂️비 온 날

15 날씨에 따라 분류하여 세어 보세요.
(**4**점)

날씨	맑은 날	흐린 날	비 온 날
날수(일)			

16 우산이 필요했던 날은 며칠인가요?
(**4**점)

(   )일

17 **2**월의 날씨를 보고 지혜와 친구들이 대화한 것입니다. <u>잘못</u> 말한 친구는 누구인가요?
(**4**점)

> 지혜 : **2**월에는 맑은 날이 가장 많았구나.
> 한초 : 진짜 그렇네. 비 온 날이 가장 적었었네.
> 영수 : 흐린 날은 비 온 날보다 **2**일 더 많았어.

(   )

👑 가영이가 가지고 있는 단추를 조사한 것입니다. 물음에 답하세요. [**18~21**]

18 색깔에 따라 분류하여 세어 보세요.
(**4**점)

색깔	노란색	주황색	파란색	초록색
단추 수(개)				

19 구멍의 수에 따라 분류하여 세어 보세요.
(**4**점)

구멍의 수	**2**개	**3**개	**4**개
단추 수(개)			

20 모양에 따라 분류하여 세어 보세요.
(**4**점)

모양	✿	○	♡	⬡	☆
단추 수(개)					

21 구멍이 **3**개이면서 노란색인 단추는 몇 개인가요?
(**4**점)

(   )개

서술형

22 예슬이는 서랍에 있는 옷을 꺼내어 기
(4점) 준을 세워 분류하였습니다. 분류한 기
준은 무엇인지 설명하세요.

설명

---

24 다음 단추들을 무거운 것과 가벼운 것
(4점) 것으로 분류하려고 합니다. 단추의 무
게가 분류 기준으로 알맞지 않은 이유
를 써 보세요.

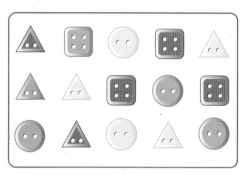

풀이

---

23 규형이네 모둠 학생들이 좋아하는 계절을
(5점) 조사하였습니다. 가장 많은 학생들이
좋아하는 계절과 가장 적은 학생들이
좋아하는 계절의 학생 수의 차는 몇 명
인지 풀이 과정을 쓰고 답을 구하세요.

가을	여름	봄	여름	봄
겨울	겨울	여름	겨울	여름

풀이

답 _____ 명

---

25 양말 가게에서 오늘 판 양말입니다. 빨
(5점) 간색, 초록색, 파란색 양말 중 가장 많
이 판 양말 색깔부터 순서대로 쓰세요.

풀이

답 _____

① 동민이와 친구들은 자동차를 타고 여행을 떠나기로 했습니다. **2**대의 자동차에 각각 **3**명씩 탈 수 있도록 여러 가지 방법으로 분류하여 보세요.

동민   가영   한초

예슬   효근   지혜

〈경우 1〉

분류 기준 : _____

〈경우 2〉

분류 기준 : _____

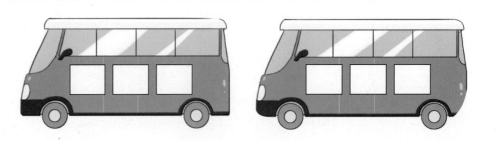

영수의 여행 준비

영수는 요즘 아주 바빠요. 학교에 다녀오면 얼른 숙제를 해 놓고는 아빠와 약속한 여행 준비를 해야 하기 때문이에요. 지난 주말에 모처럼 아빠가 집에 계셔서 영수는 '이 때다!'하고는 아빠에게

"여름 방학 때 할머니 댁에 가고 싶어요."

라고 응석을 부렸어요. 영수 할머니 댁은 울릉도에 있어서 정말 가기가 힘들거든요. 여름에 폭풍 경보라 도 내리면 배가 꼼짝을 못해서 집으로 돌아올 수가 없다면서 아빠는 늘 전화로만 할머니를 만났어요. 영 수도 아주 어렸을 적에 할머니를 한 번 본 적이 있고 늘 목소리로만 인사를 드렸거든요.

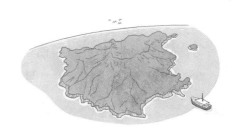

"그럴까?"

"우와, 아빠! 그러면 이번 여름 방학에 울릉도에 가는 거죠?"

대답은 안 하시고 아빠는 책꽂이에서 책 한 권을 꺼내시더니 '울릉도의 나무들'을 소개 해 놓은 곳을 펴셨어요.

"이 나무들은 할머니 댁 근처에서도 볼 수 있고, 울릉도 이곳저곳을 다니면서 볼 수 있는 나무들인데, 영수가 이 나무들의 이름을 다 외우면 울릉도로 여행을 갈게."

아빠는 엄마에게 눈을 찡긋 하시면서, 이건 어려워서 영수가 절대 못 외울 거라고 귓속 말을 하셨어요. 그리고보니 울릉도에 안 데려가려고 일부러 어려운 숙제를 내신 거에 요.

하나, 둘, 셋, 넷……. 영수가 세어 보니 모두 15개에요. 한 달에 15개를 못 외울까? 까짓 거, 문제 없어! 영수는 그날부터 잠도 안 자고 15가지 나무 이름을 달달달 외웠지 요.

리기다소나무, 고로쇠나무, 섬단풍, 섬나무딸기, 난티나무, 말오줌나무, 층층나무, 너 도밤나무, 쪽동백, 마가목, 두메오리나무, 동백나무, 보리밥나무, 바위수국, 솔송나무.

'히히, 말오줌이 뭐야. 보리밥도 있어. 딸기, 단풍, 바위, 오리, 모두 내가 알던 말이 잖아!'

영수는 하루 만에 이름을 다 외우고는 아빠 앞에서 좔좔좔 다 외웠어요. 말오줌나무 이

름을 외울 때는 오줌 마려운 듯 다리를 비비꼬면서, 너도밤나무를 외울 때는 아빠를 가리키면서 외우는 바람에 식구들이 깔깔 웃기도 했답니다. 그런데 이게 웬일일까요? 아빠는 그렇게 외우는 건 소용없다면서 나뭇잎 모양 등과 같이 기준을 세워서 분류하여 외우라고 하셨어요.

  '에이, 할머니 댁에 안 갈까보다. 그걸 어떻게 분류해서 외운담! 다 비슷하게 생겼던데…….'

책상 앞에 앉아서 씩씩거리는 영수에게 엄마가 귓속말을 해주셨어요.

  "영수야. 다른 기준으로 분류해도 되잖아!"

  "다른 기준이요?"

  "그럼. 기준을 세우는 건 여러 가지 방법이 있는 거잖아."

  '아하, 그렇지!'

영수는 얼른 종이 한 장을 꺼내어 분류 기준을 세우고 나무 이름을 분류했답니다.

글자 수(개)	나무 이름
3	섬단풍, 쪽동백, 마가목
4	솔송나무, 난티나무, 층층나무, 동백나무, 바위수국
5	고로쇠나무, 섬나무딸기, 너도밤나무, 보리밥나무, 말오줌나무
6	리기다소나무, 두메오리나무

그날 밤, 영수 방에서는 쿵덕쿵덕 장단을 맞추기도 하고, 쿵짝짝 쿵짝짝 책상을 두드리는 소리가 그치질 않았어요. 아침이면 영수가 아빠와 엄마 앞에서 저렇게 박자를 맞춰가면서 나무 이름을 외우겠지요?

우리도 영수처럼 다음 동물들을 기준을 세워 분류해 볼까요?

돼지 펭귄 양 기린 말
제비 하마 독수리 닭 코끼리

이번에 배울 내용

1 묶어 세어 보기

2 몇의 몇 배 알아보기

3 곱셈 알아보기

4 곱셈식으로 나타내기

이전에 배운 내용

• 10개씩 묶어 세기, 100개씩 묶어
  세기
• 받아올림이 있는 덧셈

다음에 배울 내용

• 곱셈 구구

여러 가지 방법으로 세어 보기

〈방법1〉 귤을 하나씩 세면 **1, 2, 3, …, 10**이므로 모두 **10**개입니다.

〈방법2〉 **2**씩 뛰어세면 **2, 4, 6, 8, 10**이므로 모두 **10**개입니다.

묶어 세기

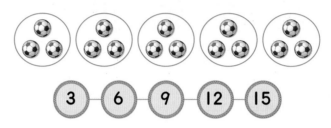

➡ 축구공의 수는 **3**씩 **5**묶음입니다. 따라서 축구공은 모두 **15**개입니다.

---

1 개념확인

📖 뛰어 세기

연필은 모두 몇 자루인지 **3**씩 뛰어 세어 보세요.

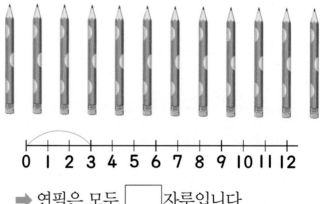

➡ 연필은 모두 ☐ 자루입니다.

2 개념확인

📖 묶어 세기

딸기는 모두 몇 개인지 알아보려고 합니다. ☐ 안에 알맞은 수를 써넣으세요.

(1) 딸기의 수는 **4**씩 ☐ 묶음입니다.

(2) **4**씩 묶어 세어 보세요.

➡

기본 문제를 통해 교과서 개념을 다져요.

1 나뭇잎은 모두 몇 개인지 **2**씩 뛰어 세어 보세요.

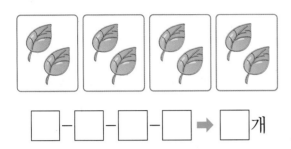

$\boxed{}$-$\boxed{}$-$\boxed{}$-$\boxed{}$ ➡ $\boxed{}$ 개

2 그림을 보고 □ 안에 알맞은 수를 써넣으세요.

개구리는 **5**, **10**, $\boxed{}$, $\boxed{}$ 으로 세어

볼 수 있으므로 모두 $\boxed{}$ 마리입니다.

3 그림을 보고 □ 안에 알맞은 수를 써넣으세요.

(1) $\boxed{}$ 씩 $\boxed{}$ 묶음입니다.

(2) **7**씩 뛰어 세어 보면

$\boxed{7}$-$\boxed{14}$-$\boxed{}$-$\boxed{}$

(3) 종이배는 모두 $\boxed{}$ 개입니다.

4 그림을 보고 몇씩 몇 묶음인지 □ 안에 알맞은 수를 써넣으세요.

$\boxed{}$ 씩 $\boxed{}$ 묶음

5 그림을 보고 바나나의 수는 **5**씩 몇 묶음인지 쓰세요.

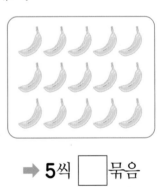

➡ **5**씩 $\boxed{}$ 묶음

6 꽃은 모두 몇 송이인지 묶어 세어 보세요.

(1) 꽃을 **3**개씩 묶으면 몇 묶음인가요?

( )묶음

(2) 꽃은 모두 몇 송이인가요?

( )송이

2. 몇의 몇 배 알아보기

교과서 개념을 이해하고 확인 문제를 통해 익혀요.

☞ 몇의 몇 배 알아보기

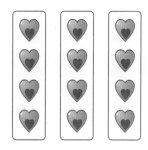

- **4**씩 **3**묶음입니다.
- **4**씩 **3**묶음은 **4**의 **3**배입니다.

☞ 몇의 몇 배 알아보기

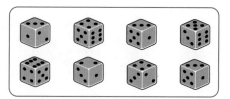

- **2**씩 **4**묶음입니다.
  ➡ **2**의 **4**배입니다.
- **4**씩 **2**묶음입니다.
  ➡ **4**의 **2**배입니다.

개념잡기

■씩 ▲묶음은 ■의 ▲배와 같습니다.

개념확인 1

📖 몇의 몇 배 알아보기

그림을 보고 ☐ 안에 알맞은 수를 써넣으세요.

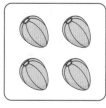 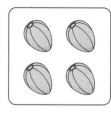  

(1) 참외의 수는 **4**씩 ☐묶음입니다.

(2) 참외의 수는 **4**의 ☐배입니다.

개념확인 2

📖 몇의 몇 배로 나타내기

그림을 보고 ☐ 안에 알맞은 수를 써넣으세요.

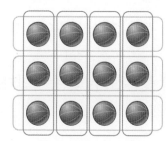

(1) 농구공의 수는 **4**씩 ☐묶음입니다.
  ➡ **4**의 ☐배

(2) 농구공의 수는 **3**씩 ☐묶음입니다.
  ➡ **3**의 ☐배

기본 문제를 통해 교과서 개념을 다져요.

그림을 보고 ☐ 안에 알맞은 수를 써넣으세요. [1~2]

1

6씩 ☐ 묶음 ➡ 6의 ☐ 배

2

2씩 ☐ 묶음 ➡ 2의 ☐ 배

3 가위가 20개 있습니다. 물음에 답하세요.

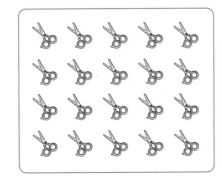

(1) 4씩 묶어 보면 몇 묶음이 됩니까?
( )묶음

(2) 20은 4의 몇 배인가요?
( )배

(3) 5씩 묶어 보면 몇 묶음이 됩니까?
( )묶음

(4) 20은 5의 몇 배인가요?
( )배

4 ☐ 안에 알맞은 수를 써넣으세요.

(1) **7**씩 **4**묶음 ➡ 7의 ☐ 배

(2) **9**씩 **3**묶음 ➡ 9의 ☐ 배

단원
6

5 3씩 뛰어 세고 12는 3의 몇 배인지 구하세요.

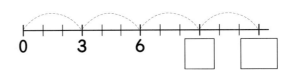

12는 3의 ☐ 배입니다.

중요

6 사과의 수는 귤의 수의 몇 배인가요?

( )배

3. 곱셈 알아보기

교과서 개념을 이해하고 확인 문제를 통해 익혀요.

ⓒ 곱셈 알아보기

- **5**의 **3**배를 **5 × 3**이라고 씁니다.
- **5 × 3**은 5 곱하기 **3**이라고 읽습니다.

ⓒ 곱셈식 알아보기

- **3 + 3 + 3 + 3 + 3 + 3**은 **3 × 6**과 같습니다.
- **3 × 6 = 18**
- **3 × 6 = 18**은 3 곱하기 **6**은 **18**과 같습니다라고 읽습니다.
  또는 3과 **6**의 곱은 **18**입니다라고 읽습니다.

개념잡기

- 같은 수를 여러 번 더하는 식은 곱셈식으로 나타낼 수 있습니다.

  ■ + ■ + ■ + ⋯⋯ + ■ + ■ = ■ × ●

  ●개

---

1 개념확인

📖 곱셈식 알아보기

그림을 보고 ☐ 안에 알맞은 수를 써넣으세요.

(1) 무당벌레의 수는 **3**마리씩 ☐묶음입니다.

(2) 무당벌레의 수를 덧셈식으로 나타내면 **3** + ☐ + ☐ + ☐ = ☐입니다.

(3) 무당벌레의 수를 곱셈식으로 나타내면 **3** × ☐ = ☐입니다.

2 개념확인

📖 곱셈식 알아보기

덧셈식을 완성하고 덧셈식을 곱셈식으로 나타내세요.

5 + 5 + 5 + 5 + 5 + 5 = ☐ ➡ **5 ×** ☐ **=** ☐

기본 문제를 통해 교과서 개념을 다져요.

1 그림을 보고 곱셈 기호를 사용하여 나타 내세요.

3의 **4**배 ➡ ☐ × ☐

2 그림을 보고 ☐ 안에 알맞은 수를 써넣으세요.

(1) 거북이의 수는 **4**마리씩 ☐ 묶음 입니다.

(2) **4**+☐+☐+☐+☐ =☐

(3) **4** × ☐ = ☐

3 ☐ 안에 알맞은 수를 써넣으세요.

6+6+6=☐

➡ ☐ × ☐ = ☐

👑 그림을 보고 ☐ 안에 알맞은 수를 써넣으세요. [4~5]

4

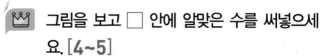

☐ × ☐ = ☐

5

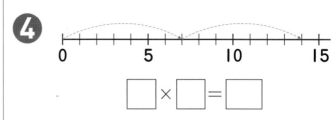

☐ × ☐ = ☐

중요
6 곱셈식으로 써 보세요.

(1) **5**씩 **3**묶음은 **15**입니다.

➡ _____

(2) **3**+**3**+**3**+**3**+**3**+**3**=**18**

➡ _____

(3) **8**의 **5**배는 **40**입니다.

➡ _____

(4) **6**과 **9**의 곱은 **54**입니다.

➡ _____

단원
6

◐ 곱셈식으로 나타내기

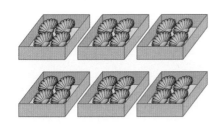

- 한 상자에 조개가 **4**개씩 들어 있습니다.
- 조개가 **6**상자 있습니다.
- **4**씩 **6**묶음 ➡ $4+4+4+4+4+4=24$
  ➡ $4 \times 6 = 24$
  ➡ 조개는 모두 **24**개 있습니다.

개념잡기

한 묶음의 개수를 달리하여 여러 가지 곱셈식을 만들 수 있습니다.

---

1 개념확인

📃 곱셈식으로 나타내기

그림을 보고 □ 안에 알맞은 수를 써넣으세요.

(1) 생선이 **2**마리씩 □ 줄 있습니다.

$$2+2+2+2+2=10 \Rightarrow 2 \times \boxed{} = \boxed{}$$

(2) 생선이 **5**마리씩 □ 줄 있습니다.

$$5+5=10 \Rightarrow 5 \times \boxed{} = \boxed{}$$

2 개념확인

📃 곱셈식으로 나타내기

그림을 보고 □ 안에 알맞은 수를 써넣으세요.

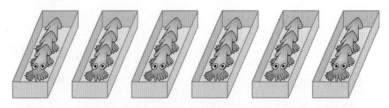

(1) 오징어가 **3**마리씩 □ 상자 있습니다. ➡ $\boxed{} \times \boxed{} = \boxed{}$

(2) 오징어를 **6**마리씩 묶으면 □ 묶음입니다. ➡ $\boxed{} \times \boxed{} = \boxed{}$

기본 문제를 통해 교과서 개념을 다져요.

1 그림을 보고 □ 안에 알맞은 수를 써넣으세요.

(1) 돼지 한 마리의 다리 수는 □개입니다.

(2) 돼지는 모두 □마리입니다.

(3) 돼지 전체의 다리 수는
□ × □ = □ (개)입니다.

👑 바퀴가 **4**개인 자동차 **5**대가 있습니다. 자동차 **1**대에는 **3**명씩 타고 있습니다. 곱셈식으로 나타내 보세요. [2~3]

2 자동차에 타고 있는 사람의 수를 곱셈식으로 나타내 보세요.

3의 □배 ➡ **3** × □ = □

3 자동차 바퀴 수를 곱셈식으로 나타내 보세요.

4의 □배 ➡ **4** × □ = □

4 그림을 보고 만들 수 있는 곱셈식을 모두 쓰세요.

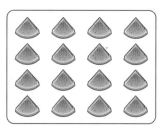

2 × □ = □

4 × □ = □

8 × □ = □

단원 6

🌟중요
5 풍선을 가영이는 **7**개씩 **3**묶음을 가지고 있고, 석기는 **4**개씩 **5**묶음을 가지고 있습니다. 물음에 답하세요.

(1) 가영이가 가지고 있는 풍선은 몇 개인가요?

( )개

(2) 석기가 가지고 있는 풍선은 몇 개인가요?

( )개

(3) 풍선을 더 많이 가지고 있는 사람은 누구인가요?

( )

유형 1 묶어 세기

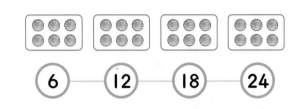

대표유형

1-1 참외를 **2**개씩 묶어 세어 보세요.

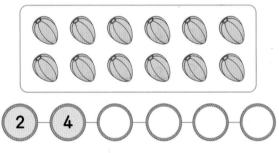

1-2 그림을 보고 물음에 답하세요.

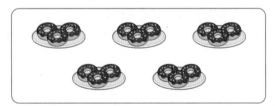

(1) **3**씩 몇 묶음인가요?

( )묶음

(2) **3**씩 묶어서 세어 보세요.

(3) 도넛은 모두 몇 개인가요?

( )개

유형 2 몇의 몇 배 알아보기

3씩 **4**묶음은 **3**의 **4**배입니다.

2-1 사탕의 수를 알아보려고 합니다. □ 안에 알맞은 수를 써넣으세요.

(1) 사탕의 수는 **7**씩 ☐ 묶음입니다.

(2) 사탕의 수는 **7**의 ☐ 배입니다.

2-2 사과가 **32**개 있습니다. **32**는 **4**의 몇 배인가요?

( )배

2-3 □ 안에 알맞은 수를 써넣으세요.

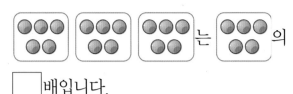 는 ⬤⬤⬤ 의

□ 배입니다.

2-4 보기 와 같이 나타내 보세요.

> 보기
>
> **3**의 **4**배 ➡ **3**씩 **4**묶음

7의 **6**배 ➡ □ 씩 □ 묶음

2-5 ○ 안에 >, =, <를 알맞게 써넣으세요.

4의 **8**배 ◯ **8**의 **4**배

유형 3 곱셈 알아보기

• **8**의 **2**배는 **16**입니다.
• **8**×**2**=**16**이라 쓰고, **8** 곱하기 **2**는 **16**과 같습니다 또는 **8**과 **2**의 곱은 **16**입니다라 고 읽습니다.

3-1 밤의 수는 **4**씩 **5**묶음입니다. □ 안에 알맞은 수를 써넣으세요.

(1) 덧셈식으로 써 보세요.

□ + □ + □ + □ + □

= □

(2) 곱셈식으로 써 보세요.

□ × □ = □

3-2 그림을 보고 □ 안에 알맞은 수를 써넣 으세요.

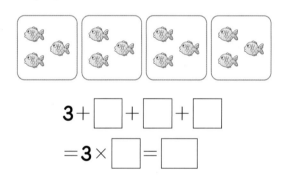

3 + □ + □ + □

= **3** × □ = □

3-3 공의 수는 **6**씩 **3**묶음입니다. □ 안에 알맞은 수를 써넣으세요.

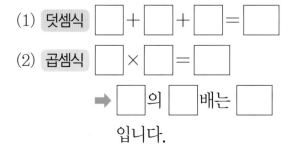

(1) 덧셈식 □ + □ + □ = □

(2) 곱셈식 □ × □ = □

➡ □ 의 □ 배는 □ 입니다.

3-4 곱셈식으로 바르게 나타낸 것에 ○표 하세요.

> **7**씩 **6**묶음은 **42**입니다.

7+6=13	7×6=42
( )	( )

3-5 6+6+6+6+6과 같은 것을 모두 고르세요. ( )

① **6+5**   ② **6**씩 **5**묶음
③ **6×5**   ④ **6×4**
⑤ **6**의 **4**배

3-6 □ 안에 알맞은 수를 써넣으세요.

> **8**씩 **3**묶음은 **24**입니다.

➡ □ × □ = □

3-7 곱셈식으로 써 보세요.

(1) **2**씩 **9**묶음은 **18**입니다.
➡ _____

(2) **5+5+5+5+5+5=30**
➡ _____

(3) **7** 곱하기 **8**은 **56**와 같습니다.
➡ _____

3-8 빈 곳에 알맞은 곱셈식을 써넣으세요.

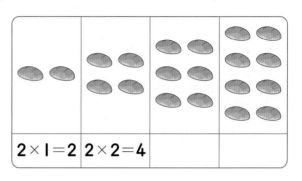

2×1=2	2×2=4		

3-9 인형을 **6**개씩 묶었습니다. 물음에 답하세요.

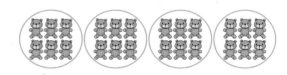

(1) 인형의 수는 **6**의 몇 배인가요?
( )배

(2) 인형의 수를 곱셈식으로 써 보세요.
식 _____

(3) 인형은 모두 몇 개인가요?
( )개

3-10 □ 안에 알맞은 수를 써넣으세요.

> **8**의 **4**배는 □ 입니다.

3-11 □ 안에 >, <를 알맞게 써넣으세요.

$$3 \times 7 \bigcirc 2 \times 9$$

 유형 4 곱셈식으로 나타내기

- 세발자전거 **1**대에는 바퀴가 **3**개 있습니다. 세발자전거가 모두 **4**대 있으므로
$3+3+3+3=12 \Rightarrow 3 \times 4=12$
따라서 세발자전거 **4**대에는 바퀴가 모두 **12**개입니다.

4-1 그림을 보고 □ 안에 알맞은 수를 써넣으세요.

(1) 우산의 수는 **2**씩 □ 묶음입니다.

➡ □ × □ = □

(2) 우산의 수는 **7**씩 □ 묶음입니다.

➡ □ × □ = □

4-2 그림을 보고 만들 수 있는 곱셈식이 아닌 것을 모두 고르세요. ( )

① $6 \times 4 = 24$ ② $8 \times 3 = 24$
③ $4 \times 7 = 28$ ④ $4 \times 6 = 24$
⑤ $7 \times 4 = 28$

4-3 그림을 보고 만들 수 있는 곱셈식을 쓰세요.

$4 \times$ □ = □

$6 \times$ □ = □

$9 \times$ □ = □

4-4 곱셈식을 그림으로 나타내 보세요.

$$3 \times 5 = 15$$

단원 **6**

4-5 영수가 가지고 있는 지우개의 수는 **2**씩 **5**묶음입니다. 영수는 지우개를 몇 개 가지고 있나요?

(   )개

4-6 야구공이 한 상자에 **7**개씩 들어 있습니다. **8**상자에 들어 있는 야구공은 모두 몇 개인가요?

(   )개

4-7 우유가 한 상자에 **9**개씩 **6**상자 있었습니다. 그중에서 손님이 우유 **2**상자를 샀습니다. 남은 우유는 몇 개인지 알아보세요.

(1) 손님이 사기 전 우유는 모두 몇 개 있었나요?

(   )개

(2) 손님이 산 우유는 몇 개인가요?

(   )개

(3) 남은 우유는 몇 개인가요?

(   )개

시험에 잘 나와요

4-8 타조의 다리는 **2**개입니다. 타조 **8**마리의 다리는 모두 몇 개인가요?

(   )개

👑 다음을 보고 물음에 답하세요. [4-9~4-11]

> 영수는 한 상자에 사과가 **6**개씩 들어 있는 상자를 **8**상자 샀습니다.

4-9 **8**상자에 들어 있는 사과는 모두 몇 개인가요?

(   )개

4-10 오늘 영수는 사과를 **8**개 먹었습니다. 남은 사과는 몇 개인가요?

(   )개

4-11 영수는 먹고 남은 사과를 한 봉지에 **5**개씩 담았습니다. 사과는 모두 몇 봉지인가요?

(   )봉지

1 가영이와 동민이가 가지고 있는 연필 수를 나타낸 것입니다. □ 안에 들어갈 수가 더 큰 쪽에 ○표 하세요.

| 가영 | 8자루씩 5묶음 ➡ □의 5배 | ( ) |
| 동민 | 6자루씩 7묶음 ➡ 6의 □배 | ( ) |

2 다음을 덧셈식으로 바르게 나타낸 것을 찾아 기호를 쓰세요.

> **6씩 4묶음**

○ 6+6+6+6=24
○ 4+4+4+4+4+4=24

( )

3 쌓기나무 한 개의 높이는 **3** cm입니다. 쌓기나무 **3**개의 높이는 몇 cm인가요?

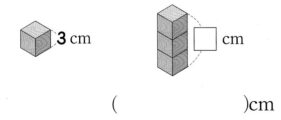

( )cm

4 예슬이의 나이는 **9**살이고 이모의 나이는 예슬이의 나이의 **3**배입니다. 이모의 나이는 몇 살인가요?

( )살

5 딸기의 수는 사과의 수의 몇 배인지 문장으로 나타내 보세요.

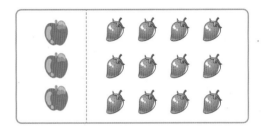

_____

_____

6 수직선을 보고 알맞은 덧셈식과 곱셈식으로 나타내 보세요.

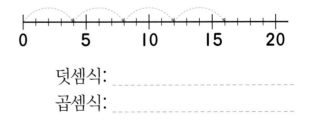

덧셈식: _____
곱셈식: _____

단원
6

7 영수와 지혜가 말하는 수의 크기를 비교하여 ○ 안에 >, <를 알맞게 써넣으세요.

> 4를 6번 더했어.

영수

5와 4를 곱했어.

지혜

8 계산 결과가 같은 것끼리 선으로 이어 보세요.

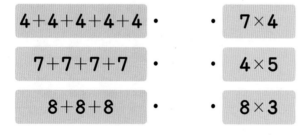

4+4+4+4+4 ·

7+7+7+7 ·

8+8+8 ·

· 7×4

· 4×5

· 8×3

9 그림을 보고 당근의 수를 구하는 곱셈식을 만들어 보세요. (단, □ 안에는 1을 쓰지 않습니다.)

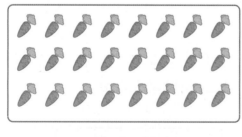

$3 \times \boxed{} = \boxed{}$

$4 \times \boxed{} = \boxed{}$

$6 \times \boxed{} = \boxed{}$

$8 \times \boxed{} = \boxed{}$

10 연필을 다음과 같이 묶었을 때, 모두 몇 자루인지 곱셈식으로 나타내고 답을 구하세요.

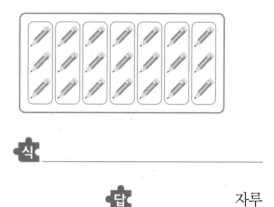

식 _____

답 _____ 자루

11 세발자전거가 9대 있습니다. 바퀴는 모두 몇 개인지 곱셈식으로 나타내고 답을 구하세요.

식 _____

답 _____ 개

12 음료수가 한 상자에 8개씩 7상자 있습니다. 음료수는 모두 몇 개인가요?

(   )개

영수는 다음과 같은 계획을 세우고 실천한 날에는 ○표, 실천하지 않은 날에는 ×표를 했습니다. 물음에 답하세요. [13~14]

요일 \ 계획	하루에 책 **3**권 읽기	하루에 심부름 **2**회씩 하기
월	○	×
화	○	○
수	×	○
목	×	○
금	○	○

13 영수가 계획대로 실천한 날에 읽은 책의 수를 곱셈식으로 나타내 보세요.

☐ × ☐ = ☐

14 영수가 계획대로 실천한 날에 한 심부름 횟수를 곱셈식으로 나타내 보세요.

☐ × ☐ = ☐

15 면봉으로 그림과 같은 모양 **5**개를 만들려고 합니다. 면봉은 모두 몇 개 필요한가요?

( )개

16 네 명의 친구가 가위바위보를 합니다. 모두 보를 내었을 때 펼친 손가락은 모두 몇 개인가요?

( )개

17 막대사탕을 **4**개씩 묶어서 **2**묶음을 한 상자에 넣었습니다. 막대사탕을 넣은 상자가 **7**개일 때, 막대사탕은 모두 몇 개인가요?

( )개

18 지우네 반 학생들은 한 줄에 **9**명씩 **5**줄로 서면 **2**명이 남는다고 합니다. 지우네 반 학생은 모두 몇 명인가요?

( )명

19 단추 구멍이 **2**개인 것이 **4**개, 단추 구멍 **4**개인 것이 **3**개 있습니다. 단추 구멍은 모두 몇 개인가요?

( )개

20 체육대회에 토끼 팀과 거북 팀이 참가했습니다. 토끼 팀과 거북 팀 중 어느 팀이 몇 명 더 많은가요?

토끼 팀	거북 팀
5명씩 7모둠	4명씩 8모둠

( ), ( )명

21 가 지점에서 나 지점을 거쳐 다 지점까지 길을 따라 가는 방법은 모두 몇 가지인가요?

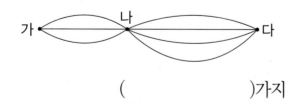

( )가지

22 석기는 친구들과 과녁맞히기 놀이를 하였습니다. 석기가 맞힌 과녁이 다음과 같을 때 빈칸에 알맞은 수를 써넣고, 석기의 점수를 구하세요.

점수(점)	0	1	3	5	7
화살 수(개)	6	5			
얻은 점수(점)					

( )점

23 보기와 같이 약속할 때, **3◆4**의 값을 구하세요.

보기
㉮◆㉯＝㉮×㉯＋㉮

( )

유형 1

상연이는 한 봉지에 **8**개씩 들어 있는 참외를 **4**봉지 샀습니다. 상연이가 산 참외는 몇 개인지 풀이 과정을 쓰고 답을 구하세요.

풀이) 한 봉지에 들어 있는 참외는 ☐개이므로 상연이가 산 참외의 수는 **8**씩 ☐묶음 입니다.

따라서 상연이가 산 참외는 **8** × ☐ = ☐ (개)입니다.

답 ☐ 개

예제 1

동민이는 한 봉지에 **7**개씩 들어 있는 사과를 **5**봉지 샀습니다. 동민이가 산 사과는 몇 개인지 풀이 과정을 쓰고 답을 구하세요. [5점]

풀이)

_____

_____

_____

_____

답 _____ 개

✎ **서술 유형 익히기**

유형 **2**

삼각형이 **4**개, 사각형이 **6**개 있습니다. 삼각형과 사각형의 변의 수는 모두 몇 개인지 풀이 과정을 쓰고 답을 구하세요.

✎ 풀이 삼각형 한 개의 변의 수는 ☐ 개이므로 삼각형 **4**개의 변의 수는

☐ ×**4**= ☐ (개)입니다.

사각형 한 개의 변의 수는 ☐ 개이므로 사각형 **6**개의 변의 수는

☐ ×**6**= ☐ (개)입니다.

따라서 변의 수는 모두 ☐ + ☐ = ☐ (개)입니다.

답 ☐ 개

예제 **2**

삼각형이 **3**개, 사각형이 **5**개 있습니다. 삼각형과 사각형의 꼭짓점의 수는 모두 몇 개인지 풀이 과정을 쓰고 답을 구하세요. [5점]

✎ 풀이

답 _____ 개

👑 석기와 지혜는 다음과 같은 방법으로 놀이를 합니다. 물음에 답하세요. [1~3]

놀이 방법

〈준비물〉 주사위 **2**개

① 각자 주사위 **2**개를 던져 나온 수를 몇의 몇 배로 나타냅니다.

➡ **3**의 **4**배 또는 **4**의 **3**배

② 위 ①에서 나타낸 몇의 몇 배의 값을 구합니다.

③ 위 ②에서 구한 값이 큰 사람이 이깁니다.

1 석기가 던진 주사위로 구한 값은 얼마인가요?

(   )

2 지혜가 던진 주사위로 구한 값은 얼마인가요?

(   )

3 석기와 지혜 중 놀이에서 이긴 사람은 누구인가요?

(   )

그림을 보고 □ 안에 알맞은 수를 써넣으세요. [1~2]

1
③점

5씩 □ 묶음입니다.

2
③점

3씩 □ 묶음입니다.

호박이 **21**개 있습니다. 물음에 답하세요.

[3~4]

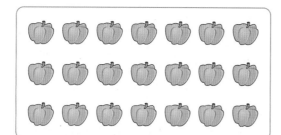

3 **3**씩 묶어서 세어 보세요.
③점

| 3 | 6 | □ | □ | □ |

| □ | □ |

4 **7**씩 묶어서 세어 보세요.
④점

| 7 | □ | □ |

5 그림을 보고 □ 안에 알맞은 수를 써넣으세요.
③점

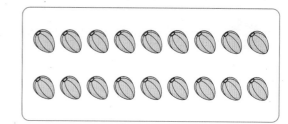

4씩 □ 묶음은 **4**의 □ 배입니다.

6 참외가 **18**개 있습니다. 물음에 답하세요.
④점

(1) **18**은 **2**의 몇 배인가요?
( )배

(2) **18**은 **9**의 몇 배인가요?
( )배

7 ○○○○○ 의 **4**배만큼
④점 ○를 그려 넣으세요.

8 □ 안에 알맞은 수를 써넣으세요.

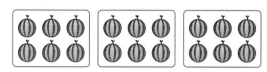

(1) 수박의 수는 **6**씩 □ 묶음입니다.

(2) □ + □ + □ = □

(3) □ × □ = □

9 꽃잎의 수를 구하는 곱셈식을 빈 곳에 알맞게 써넣으세요.

✿	✿✿	✿✿✿✿	✿✿✿✿✿✿✿
7×1=7	7×2=14		

👑 **곱셈식으로 써 보세요. [10~12]**

10 **5**씩 **8**묶음은 **40**입니다.
(4점) ➡ _____

11 **9**의 **4**배는 **36**입니다.
(4점) ➡ _____

12 **7** 곱하기 **7**은 **49**와 같습니다.
(4점) ➡ _____

13 □ 안에 알맞은 수를 써넣으세요.
(4점)

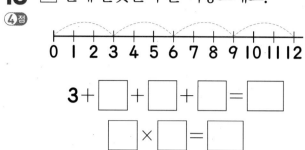

3 + □ + □ + □ = □

□ × □ = □

14 그림을 보고 □ 안에 알맞은 수를 써넣
(4점) 으세요.

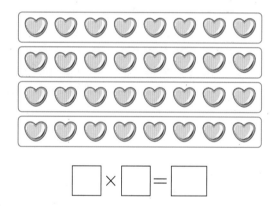

□ × □ = □

15 캥거루가 **4**씩 **4**번 뛰었습니다. 그림으
(4점) 로 나타내고 □ 안에 알맞은 수를 써넣
으세요.

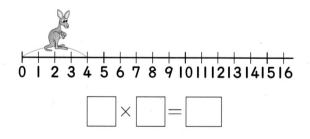

□ × □ = □

단원 **6**

16 곱셈식으로 써 보세요.
(4)점

┌─────────────────────────┐
│ **6** 곱하기 **9**는 **54**와 같습니다. │
└─────────────────────────┘

─────────────────────────────

17 그림을 보고 만들 수 있는 곱셈식을 모
(4)점 두 써 보세요.

(   )

18 다음 중 **5+5+5+5**와 같지 <u>않은</u> 것
(4)점 은 어느 것인가요? (   )

① **5**와 **4**의 곱   ② **5**의 **4**배
③ **5**씩 **4**묶음   ④ **5×3**
⑤ **5** 곱하기 **4**

19 자두를 동민이는 **2**개씩 **7**봉지 가지고
(4)점 있고, 가영이는 **3**개씩 **6**봉지 가지고
있습니다. 자두를 더 많이 가지고 있는
사람은 누구인가요?

(   )

20 지혜는 동화책을 하루에 **9**쪽씩 **7**일 동
(4)점 안 읽었습니다. 지혜가 읽은 동화책은
모두 몇 쪽인가요?

(   )쪽

21 음료수가 한 상자에 **5**병씩 **8**줄 들어 있
(4)점 습니다. **3**상자에 들어 있는 음료수는
모두 몇 병인가요?

(   )병

서술형

22 바퀴가 **4**개인 자동차가 **9**대 있습니다. (4)점 자동차의 바퀴는 모두 몇 개인지 풀이 과정을 쓰고 답을 구하세요.

풀이

────────────────────────

────────────────────────

────────────────────────

답 _____ 개

23 계산 결과가 가장 큰 사람은 누구인지 (5)점 풀이 과정을 쓰고 답을 구하세요.

영수	2×7
석기	8을 2번 더한 수
상연	4씩 3묶음

풀이

────────────────────────

────────────────────────

────────────────────────

답 _____

24 효근이는 사탕을 **5**개, 영수는 사탕을 **4** (4)점 개 가지고 있고, 예슬이는 영수가 가지고 있는 사탕 수의 **5**배를 가지고 있습니다. 예슬이는 효근이가 가지고 있는 사탕 수의 몇 배를 가지고 있는지 풀이 과정을 쓰고 답을 구하세요.

풀이

────────────────────────

────────────────────────

────────────────────────

답 _____ 배

25 구슬을 꿰어 오른쪽과 (5)점 같은 목걸이를 만들었 습니다. 이 목걸이를 한 사람에게 **2**개씩 **5**명에 게 나누어 주려면 구슬 은 모두 몇 개 필요한지 풀이 과정을 쓰고 답을 구하세요.

풀이

────────────────────────

────────────────────────

────────────────────────

답 _____ 개

퀴즈네어 막대를 보고 물음에 답하세요. [1~3]

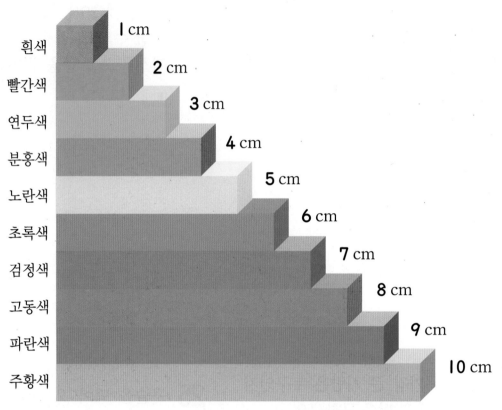

흰색 | cm
빨간색 2 cm
연두색 3 cm
분홍색 4 cm
노란색 5 cm
초록색 6 cm
검정색 7 cm
고동색 8 cm
파란색 9 cm
주황색 10 cm

① 주황색 막대의 길이는 노란색 막대의 길이의 몇 배인가요?

( )배

② 파란색 막대의 길이는 연두색 막대의 길이의 몇 배인가요?

( )배

③ 주황색 막대 |개와 노란색 막대 |개를 연결한 길이는 연두색 막대의 길이의 몇 배인가요?

( )배

다른 말도 있어요.

"배를 먹으면서 배를 타고 가다가 배가 아파서 배에서 내려주세요라고 소리쳤지만
아무도 듣지 않아서 그만……."

개구쟁이 석기가 친구들을 모아 놓고 꿈 이야기를 하는 거에요. 친구들은 "에잇, 더러
워!"하고는 모두 제 자리로 돌아가 앉았지요. 마침 수업 시작 종이 울리고 선생님께서
는 칠판에 이렇게 쓰셨어요.

> 배를 알고 나면 곱셈 박사가 될 수 있다.

"아이 참, 선생님도 배 이야기를 하세요? 지금 석기가 배 이야기 했어요."

"꿈 이야기인데 더러워요."

"하하하 우리 엄마가 그러는데 똥꿈은 좋은 꿈이랬어!"

친구들이 한바탕 왁자지껄하게 떠들자 선생님도 무슨 이야기인 줄 알았다며 오늘 시간
에 배울 '배'는 그런 '배'가 아니라고 하셨어요. 그럼 또 무슨 '배'가 있지? 그 '배'를 알면
어떻게 수학 박사가 될까? 친구들은 저마다 궁금해서 눈을 동그랗게 뜨고 선생님을 바
라보았어요.

선생님은 칠판에 색 자석을 네 무더기 붙여 놓으시고는 누구든 나와서 사각형 모양으
로 붙여 보라고 하셨어요. 석기랑 석기 짝, 그리고 나와 내 짝이 얼른 일어나 먼저 나갔
지요.

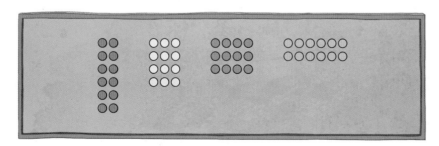

4명의 친구는 같게 하지 않으려고 서로 옆을 보며 붙여 갔어요.

"석기는 몇 개를 붙였니?"

"12개요!"

"나도 12개인데……."

"나도!"

"나도!"

12개의 자석으로 서로 다른 모양의 사각형을 만든 것이 신기했어요.

선생님께서는 친구들이 붙여 놓은 자석 아래에 이렇게 쓰셨답니다.

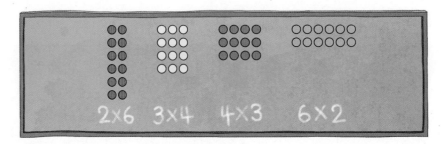

친구들은 선생님을 따라 소리 높여 읽었어요.

2씩 6묶음은 2의 6배, 3씩 4묶음은 3의 4배,

4씩 3묶음은 4의 3배, 6씩 2묶음은 6의 2배.

"잘 했어요. 그럼 이번에는 이렇게 쓰고 읽어 봐요. 2의 6배는 2×6이라 쓰고 2 곱
하기 6이라고 읽어요, 3의 4배는 3×4라 쓰고 3 곱하기 4라고 읽어요."

선생님이 다 마치기도 전에 아이들은 소리 높여 읽었어요.

"4의 3배는 4×3이라 쓰고 4 곱하기 3이라고 읽어요, 6의 2배는 6×2라 쓰고 6
곱하기 2라고 읽어요!"

"오늘 배운 '배'는 배도 아니고 배도 아니고 배도 아니에요. 배에요, 배!"

석기가 말하자 친구들은 또 왁자지껄 웃었어요.

"맞아, 맞아, 배야, 배!"하면서.

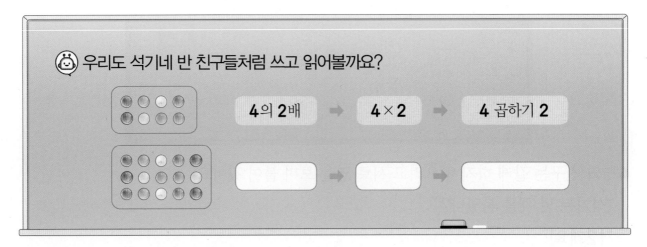

memo

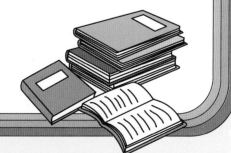

memo

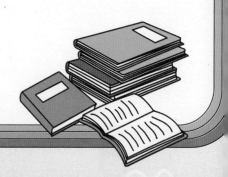

개념을 다지고
실력을 키우는

왕수학

기본편

정답과 풀이

2-1

(주)에듀왕

왕수학
기본편

정답과 풀이

초등

2 - 1

1 세 자리 수 ⸻⸻ 2

2 여러 가지 도형 ⸻⸻ 9

3 덧셈과 뺄셈 ⸻⸻ 15

4 길이 재기 ⸻⸻ 25

5 분류하기 ⸻⸻ 30

6 곱셈 ⸻⸻ 35

1단계 개념 탄탄   6쪽

1 (1) 99   (2) 100
2 (1) 70, 80, 90, 100   (2) 100
   (3) 100

2단계 핵심 쏙쏙   7쪽

1 (1) 1   (2) 10, 100
2 1, 0 / 100   3 100, 백
4 100, 백   5 100, 100
6 90, 100, 100

1 백 모형이 1개이므로 100입니다.

1단계 개념 탄탄   8쪽

1 500   2 700

2단계 핵심 쏙쏙   9쪽

1 400
2 (1) 300   (2) 500
3 (1) 200   (2) 800
   (3) 900

4   5

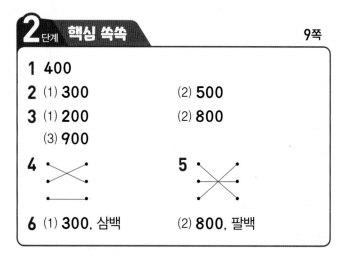

6 (1) 300, 삼백   (2) 800, 팔백

1 100이 4개이면 400입니다.

2 (1) 100이 3개인 수는 300입니다.
   (2) 100이 5개인 수는 500입니다.

4 100이 6개이면 600입니다.
   100이 3개이면 300입니다.
   100이 7개이면 700입니다.

1단계 개념 탄탄   10쪽

1 5, 6, 4, 564
2 (1) 칠백이십삼   (2) 오백팔

2 주의 세 자리의 수를 읽을 때 숫자가 0인 자리는 읽지 않습니다.

2단계 핵심 쏙쏙   11쪽

1 265, 이백육십오
2 (1) 529   (2) 860
3 301   4 4, 2, 6
5 (1) 이백오십육   (2) 사백삼
   (3) 육백십오
6 116, 오백구, 백칠

1 100이 2개, 10이 6개, 1이 5개인 수는 265입니다.

2 (1) 오백이십구   (2) 팔백육십

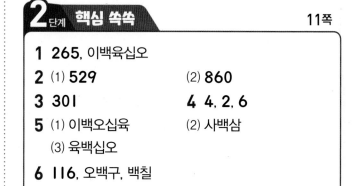

5 숫자가 0인 자리는 읽지 않고,
   숫자가 1인 자리는 자리값만 읽습니다.

1단계 개념 탄탄   12쪽

1 백, 십, 일   2 7, 500, 2, 500, 2

2단계 핵심 쏙쏙   13쪽

1 (1) 40, 4 / 400, 40, 4
   (2) 500, 0, 6 / 500, 0, 6
2 (1) 70   (2) 700
3 718

4 (1) 백, **900** (2) 십, **30**
  (3) 일, **8**

5 (1) **100** (2) **40**
  (3) **5**

6 **358**

---

2 숫자가 같더라도 위치에 따라 나타내는 수가 다릅니다.

3 일의 자리 숫자는 각각 **4**, **6**, **8**입니다.

6 **300＋50＋8＝358**

3_{단계} **유형 콕콕**   **14~17쪽**

1-1 **100, 백**

1-2 (1) **100** (2) **10**

1-3 **80, 90, 100**   **1-4** 백

1-5 **100**

2-1 (1) **200** (2) **800**

2-2 **3, 300**   **2-3** **600**

2-4 (1) **700** (2) **800**

2-5

2-6 (1) **4** (2) **8**

2-7 (1) ○ (2) ×
  (3) ×

2-8 **900**   **2-9** **700**

2-10 예 영수는 줄넘기를 하루에 **300**회씩 넘기로 마음 먹었습니다.

3-1 **428**

3-2 (1) **542** (2) **616**

3-3 **490**   **3-4** ②

4-1

222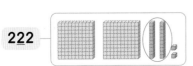

4-2

자리	백의 자리	십의 자리	일의 자리
숫자	**5**	**8**	**9**
나타내는 수	**500**	**80**	**9**

4-3 **7, 700, 1, 10**

4-4

(421) (235) (512)

4-5 **132**   **4-6** **500**

4-7 **648**

1-1 **90**보다 **10**만큼 더 큰 수는 **100**이고, 백이라고 읽습니다.

1-4 **10**개씩 **10**묶음, **98**보다 **2**만큼 더 큰 수는 **100**이라 쓰고, 백이라고 읽습니다.

1-5 **10**장씩 **10**묶음은 **100**장입니다.

2-3 **10**원짜리 묶음 **10**개는 **100**원짜리 동전 **1**개와 같으므로 모두 **600**원입니다.

2-5 **100**이 **6**개인 수는 **600**입니다.
  100이 **5**개인 수는 **500**입니다.
  100이 **7**개인 수는 **700**입니다.

2-7 (2) **900**은 **100**이 **9**개인 수입니다.
  (3) **10**이 **7**개이면 **70**입니다.

2-8 한 상자에 색종이가 **100**장씩 들어 있으므로 **2**상자에는 **200**장, **3**상자에는 **300**장, ……, **9**상자에는 **900**장이 들어 있습니다.

2-9 **100**원짜리가 **7**개이면 **700**원입니다.

3-2 (1) **100**이 **5**개, **10**이 **4**개, **1**이 **2**개인 수는 **542**입니다.
  (2) **100**이 **6**개, **10**이 **1**개, **1**이 **6**개인 수는 **616**입니다.

3-3 읽지 않은 자리에는 숫자 **0**을 씁니다.

4-4 **2**□□인 수를 찾습니다.

4-5 <u>3</u>78 ➡ **300**, <u>1</u>32 ➡ **30**, 50<u>3</u> ➡ **3**, 24<u>3</u> ➡ **3**

4-6 5는 백의 자리 숫자이므로 **500**을 나타냅니다.

4-7 백의 자리 숫자가 **6**
십의 자리 숫자가 **4** ─ 인 수는 **648**
일의 자리 숫자가 **8**

1단계 개념 탄탄   18쪽

1 355, 365

2단계 핵심 쏙쏙   19쪽

1 (1) 300, 500   (2) 225, 425
2 (1) 240, 270   (2) 429, 459
3 (1) 247, 249   (2) 674, 676
4 (1) 613, 713   (2) 500, 510, 530
   (3) 108, 109, 112
5 1000, 천   **6** 454

1 100씩 뛰어 세면 백의 자리 숫자가 1씩 커집니다.

2 10씩 뛰어 세면 십의 자리 숫자가 1씩 커집니다.

3 1씩 뛰어 세면 일의 자리 숫자가 1씩 커집니다.

4 (1) 100씩 뛰어 세기 한 것입니다.
   (2) 10씩 뛰어 세기 한 것입니다.
   (3) 1씩 뛰어 세기 한 것입니다.

6 451─452─453─454
        +1   +1   +1

1단계 개념 탄탄   20쪽

1 <
2 (1) >   (2) <

1 세 자리 수의 크기는 백의 자리, 십의 자리, 일의 자리의 순서로 숫자를 비교합니다.

2단계 핵심 쏙쏙   21쪽

1 >
2 (1) <, <   (2) >, >
3 (1) <   (2) >
   (3) <   (4) <
4 (1) 큽니다   (2) 작습니다
5 (1) 572>516   (2) 193<805
   (3) 628<634
6 (1) 476   (2) 680

3 (1) 200<201   (2) 709>697
        0<1   7>6

   (3) 543<570   (4) 821<829
        4<7   1<9

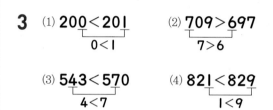

3단계 유형 콕콕   22~24쪽

5-1 300, 400, 600
5-2 (1) 백   (2) 십
    (3) 일
5-3 (1) 500, 700, 800
    (2) 303, 403, 503
5-4 (1) 522, 552, 572
    (2) 444, 454, 474, 484
5-5 (1) 313, 314, 315
    (2) 644, 645, 646, 647
5-6 100   **5-7** 192
5-8 350, 450   **5-9** ㉡
5-10 1000
6-1 (1) <   (2) >
6-2 지혜
6-3 769는 796보다 작습니다.
6-4 (1) 521<798   (2) 982>902
6-5 (1)( )(○)( )
    (2)(○)( )( )

6-6 296, 369   **6-7** ㉡, ㉢, ㉠, ㉣

6-8 지혜   **2-9** 영수

6-10 9

5-3 백의 자리 숫자를 I씩 크게 합니다.

5-4 십의 자리 숫자를 I씩 크게 합니다.

5-5 일의 자리 숫자를 I씩 크게 합니다.

5-6 백의 자리 숫자가 I씩 커지므로 100씩 뛰어 센 것입니다.

5-7 162-172-182-192

5-8 50씩 뛰어서 센 규칙입니다.

5-9 ㉡ 990보다 10만큼 더 큰 수입니다.

5-10 997보다 3만큼 더 큰 수는 1000이므로 가영이 가 접은 종이학은 1000개입니다.

6-1 백의 자리 ➡ 십의 자리 ➡ 일의 자리 숫자를 차례로 비교합니다.

6-2 영수 : 756은 750보다 큽니다.

6-5 (1) 826>692>678
(2) 773>762>732

6-6 269>142, 269>228, 269<296, 269<369

6-7 607<706<801<810이므로
㉡<㉣<㉠<㉢입니다.

6-8 570<710이므로 지혜가 색종이를 더 많이 가지 고 있습니다.

6-9 447<457이므로 영수가 우표를 더 많이 모았 습니다.

6-10 128<12□에서 백의 자리 숫자와 십의 자리 숫자가 같으므로 8<□입니다.
따라서 □ 안에 들어갈 수 있는 숫자는 9입니다.

---

1 ④   **2** 30

3 100   **4** 13

5 900   **6** 5

7

백의 자리	십의 자리	일의 자리	수
8	0	4	804
5	I	7	517
7	9	2	792

8

백 모형	십 모형	일 모형	수
3개	12개	8개	428

9 4, 400, 4   **10** 373

11 77   **12** 775

13 4

14 505, 565, 585, 605

15 308, 358, 458, 508

16 1000, 천   **17** 30

18 677, 667, 657   **19** 가영

20 ㉢, ㉡, ㉣, ㉠   **21** 753, 357

22 6, 7, 8   **23** 984

24 481

---

1 ④ 10보다 10만큼 더 큰 수는 20입니다.

2 100은 70보다 30만큼 더 큰 수이므로 종이배를 30개 더 접어야 합니다.

3 50개씩 2통은 100개이므로 동민이가 산 구슬은 100개입니다.

4 ㉠ 4, ㉡ 9
➡ ㉠+㉡=4+9=13

5 100이 7개인 수는 700이고, 700보다 200만큼 더 큰 수는 900입니다.

6 10이 50개인 수는 500이고, 500은 100이 5개 인 수와 같습니다.

8 백 모형 3개 ➡ 300 ⎫
십 모형 12개 ➡ 120 ⎬ 428
일 모형 8개 ➡   8 ⎭

9 400은 100이 4개인 수와 같습니다.

10 일의 자리 숫자는 백의 자리 숫자와 같은 **3**이므로 예슬이가 설명하는 수는 **373**입니다.

11 572   387
       └→70   └→7
   ➡ 70+7=77

12 100이 6개 ➡ 600
     10이 13개 ➡ 130
     1이 45개 ➡ 45
     ─────────────
               775

13 백의 자리에 **3**이 올 경우 : **308, 380**
   백의 자리에 **8**이 올 경우 : **803, 830**
   ➡ **4**개

14 **525**에서 한 번 뛰어 **545**가 되었으므로 **20**씩 뛰어 센 것입니다.

15 **208**에서 한 번 뛰어 **258**이 되었으므로 **50**씩 뛰어 센 것입니다.

16 **999** 다음의 수를 **1000**이라 쓰고 천이라고 읽습니다.

17 십의 자리의 숫자가 **3**씩 커지므로 **30**씩 뛰어 센 것입니다.

19 **286**>**268**이므로 번호표를 먼저 뽑은 사람은 번호표의 수가 더 작은 가영입니다.

20 ㉠ **631** ㉡ **680** ㉢ **692** ㉣ **678**
   ➡ ㉢>㉡>㉣>㉠

22 일의 자리 숫자가 **2**<**8**이므로 □ 안에는 **6**이거나 **6**보다 큰 숫자가 들어가야 합니다.
   따라서 □ 안에는 **6, 7, 8**이 들어갈 수 있습니다.

23 세 자리 수를 □**84**라고 하면 □ 안에 숫자 **9**가 들어갔을 때 □**84**가 가장 커집니다.
   따라서 가장 큰 세 자리 수는 **984**입니다.

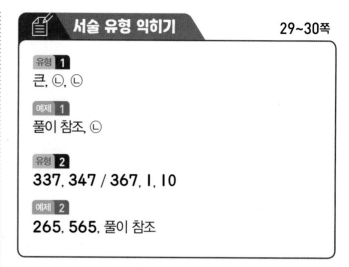

서술 유형 익히기   29~30쪽

유형 **1**
큰, ㉡, ㉡

예제 **1**
풀이 참조, ㉡

유형 **2**
337, 347 / 367, 1, 10

예제 **2**
265, 565, 풀이 참조

1 **400**은 **390**보다 **1**만큼 더 큰 수가 아니라 **10**만큼 더 큰 수입니다. ─①
   따라서 ㉡이 틀렸습니다. ─②

평가기준	배점
① 틀린 이유를 정확히 설명한 경우	2점
② 틀린 것의 기호를 쓴 경우	2점

2 **365**에서 한 번 뛰어 세었더니 **465**가 되었습니다. 백의 자리의 숫자가 **1**만큼 더 커졌으므로 **100**씩 뛰어 센 것입니다. ─①

평가기준	배점
① 규칙을 알고 바르게 설명한 경우	2점
② 빈 곳에 알맞은 수를 써넣은 경우	2점

놀이 수학   31쪽

1 754   **2** 763
3 효근

3 **754**<**763**이므로 효근이가 이겼습니다.

단원 평가   32~35쪽

1 ④, ⑤   **2** 500
3 7   **4**

5 900 **6** ④

7 562, 652 **8** 256, 652

9 597 **10** 874

11 600, 70, 9 **12** 423

13 152, 162, 172, 192

14 1 **15** 328, 528

16 1000, 천 **17** 654, 653

18 652

19 (1) 486>459 (2) 890<908

20 (1) < (2) >

21 5, 6, 7

22 풀이 참조, 670 **23** 풀이 참조, 지혜

24 풀이 참조, 731, 741

25 풀이 참조, ㉠, ㉢, ㉡

1 ① 99 ② 109 ③ 90 ④ 100 ⑤ 100

3 ★00은 100이 ★개인 수입니다.

4 800 ➡ 100이 8개인 수
200 ➡ 100이 2개인 수
500 ➡ 100이 5개인 수

5 100이 9개인 수는 900입니다.

6 ④ 702 — 칠백이

7 2̲56 ➡ 200, 2̲65 ➡ 200, 5̲2̲6 ➡ 20,
5̲62 ➡ 2, 6̲2̲5 ➡ 20, 6̲52 ➡ 2

8 2̲56 ➡ 50, 2̲6̲5 ➡ 5, 5̲2̲6 ➡ 500,
5̲62 ➡ 500, 6̲2̲5 ➡ 5, 6̲5̲2 ➡ 50

9 오백구십칠 ➡ 597

10 100이 8개 ➡ 800 ┐
10이 7개 ➡ 70 ├ 874
1이 4개 ➡ 4 ┘

12 ■■■■ ➡ 400
▲▲ ➡ 20
●●● ➡ 3
―――――――
423

13 십의 자리 숫자가 1씩 커집니다.

14 일의 자리 숫자가 1씩 커지므로 1씩 뛰어 센 것입니다.

15 100씩 뛰어 센 것입니다.

16 999보다 1만큼 더 큰 수는 1000이라 쓰고, 천이라고 읽습니다.

18 252 — 352 — 452 — 552 — 652

20 백의 자리 ➡ 십의 자리 ➡ 일의 자리의 순서로 숫자의 크기를 비교해 봅니다.
(1) 253<353 (2) 641>607
└2<3┘ └4>0┘

21 백의 자리 숫자와 십의 자리 숫자가 각각 같으므로 일의 자리 숫자만 비교하면 됩니다.
따라서 4보다 큰 수에 모두 ○표 합니다.

서술형

22 100이 6개이면 600, 10이 7개이면 70이므로 670입니다. —①
따라서 사탕은 모두 670개입니다. —②

평가기준	배점
① 사탕의 개수를 구하는 과정을 설명한 경우	2점
② 사탕의 수를 구한 경우	2점

23 더 작은 수를 뽑은 사람이 더 먼저 번호표를 뽑은 것입니다. 백의 자리 숫자가 같으므로 십의 자리 숫자를 비교해 보면 4>3이므로 241>232입니다. —①
따라서 먼저 번호표를 뽑은 사람은 지혜입니다. —②

평가기준	배점
① 두 수의 크기를 비교한 경우	3점
② 번호표를 먼저 뽑은 사람을 구한 경우	2점

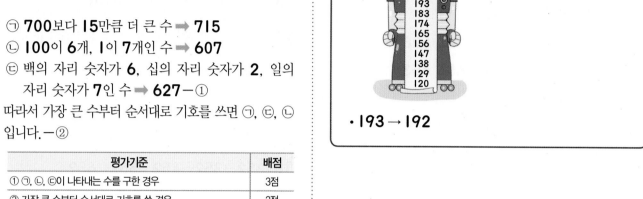

24 751에서 한 번 뛰어 761이 되었으므로 10씩 뛰어 센 것입니다. —①

평가기준	배점
① 규칙을 바르게 설명한 경우	3점
② □ 안에 알맞은 수를 써넣은 경우	2점

25 ㉠ 700보다 15만큼 더 큰 수 ➡ 715
㉡ 100이 6개, 1이 7개인 수 ➡ 607
㉢ 백의 자리 숫자가 6, 십의 자리 숫자가 2, 일의 자리 숫자가 7인 수 ➡ 627 —①
따라서 가장 큰 수부터 순서대로 기호를 쓰면 ㉠, ㉢, ㉡ 입니다. —②

평가기준	배점
① ㉠, ㉡, ㉢이 나타내는 수를 구한 경우	3점
② 가장 큰 수부터 순서대로 기호를 쓴 경우	2점

•

193
183
174
165
156
147
138
129
120

• 193 → 192

🔮 **탐구 수학** 36쪽

1 풀이 참조	**2** 풀이 참조

1

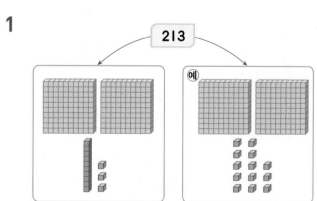

213

2

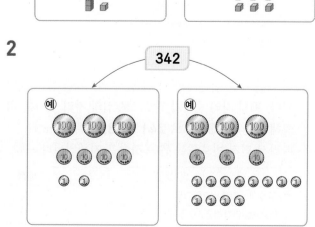

342

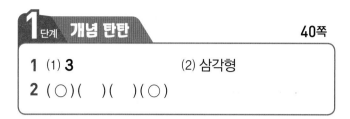

2 단원 여러 가지 도형

1단계 개념 탄탄　40쪽

1 (1) **3** 　　　　　　　　(2) 삼각형
2 (○)(　)(　)(○)

1　**3**개의 곧은 선으로 둘러싸인 도형을 삼각형이라고 합니다.

2단계 핵심 쏙쏙　41쪽

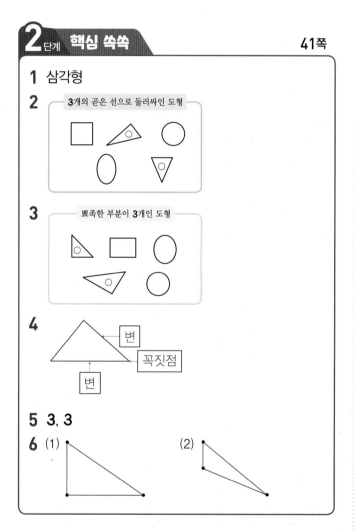

1 삼각형

2 **3**개의 곧은 선으로 둘러싸인 도형

3 뾰족한 부분이 **3**개인 도형

4 변 / 꼭짓점 / 변

5 **3, 3**

6 (1) 　　　　　　(2)

1　곧은 선 **3**개로 둘러싸인 도형을 삼각형이라고 합니다.

1단계 개념 탄탄　42쪽

1 (1) **4** 　　　　　　　　(2) 사각형
2 (　)(○)(　)(○)

1　**4**개의 곧은 선으로 둘러싸인 도형을 사각형이라고 합니다.

2단계 핵심 쏙쏙　43쪽

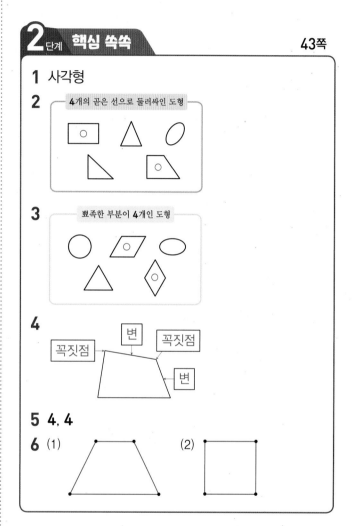

1 사각형

2 **4**개의 곧은 선으로 둘러싸인 도형

3 뾰족한 부분이 **4**개인 도형

4 꼭짓점 / 변 / 꼭짓점 / 변

5 **4, 4**

6 (1) 　　　　　　(2)

1　곧은 선 **4**개로 둘러싸인 도형을 사각형이라고 합니다.

1단계 개념 탄탄　44쪽

1 원

2

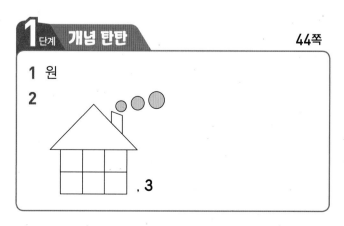

　, 3

1 참고 둥근 깡통, 동전, 종이컵 등을 이용하여 본을 뜨면 동그란 모양의 도형인 원을 그릴 수 있습니다.

2 단계 **핵심 쏙쏙**　　　　　　　　　　45쪽

1 원　　　　　　　　**2** 다, 아

3 ②, ⑤

4

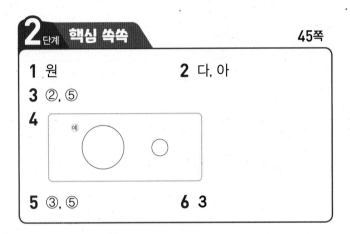

5 ③, ⑤　　　　　　　**6** 3

2 원은 굽은 선으로만 둘러싸여 있습니다.

6 동그란 모양의 도형은 모두 **3**개입니다.

1 단계 **개념 탄탄**　　　　　　　　　　46쪽

1 (1) 삼각형 : ㉠, ㉡, ㉣, ㉔, ㉕, 사각형 : ㉢, ㉤

(2)
삼각형	사각형
예	예

2 단계 **핵심 쏙쏙**　　　　　　　　　　47쪽

1 예

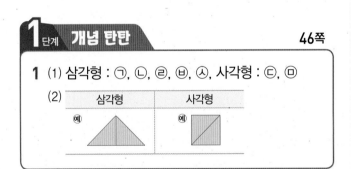

2 예

3 예

4 예

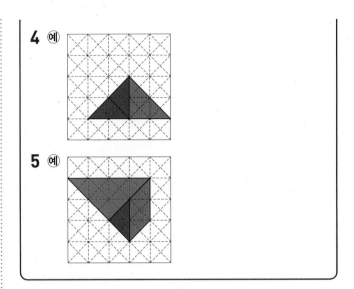

5 예

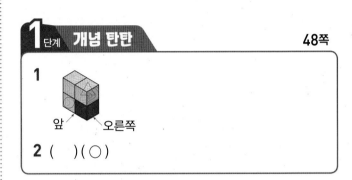

1 단계 **개념 탄탄**　　　　　　　　　　48쪽

1

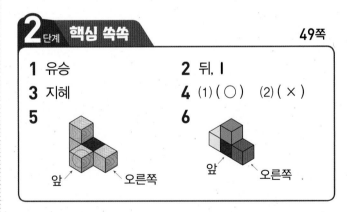

앞　　　　　오른쪽

2 (　　)(○)

2 단계 **핵심 쏙쏙**　　　　　　　　　　49쪽

1 유승　　　　　　　　**2** 뒤, 1

3 지혜　　　　　　　　**4** (1) (○)　(2) (×)

5

6

앞　　　오른쪽　　　　　　앞　　　오른쪽

4 (2) 빨간색 쌓기나무의 오른쪽에 쌓기나무 **2**개가 있습니다.

1 단계 **개념 탄탄**　　　　　　　　　　50쪽

1 ㉠

1 1층은 쌓기나무 **3**개, 2층은 1층에서 쌓은 모양의 가운데 쌓기나무 위에 1개가 더 쌓여 있습니다.

2단계 핵심 쏙쏙

1 ㉡

2 (1) ㉡ (2) ㉢
   (3) ㉠

3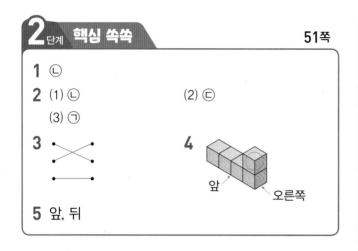

4
앞 오른쪽

5 앞, 뒤

3단계 유형 콕콕

1-1
변
꼭짓점

1-2 ④, ⑤

1-3 예

1-4 3, 3

1-5 5

2-1 ㉠

2-2
꼭짓점
변

2-3 2

2-4 예

2-5 4, 4

2-6 ⑤

3-1 원

3-2 ㉡

3-3 ⑤

3-4 ㉡

3-5 ②

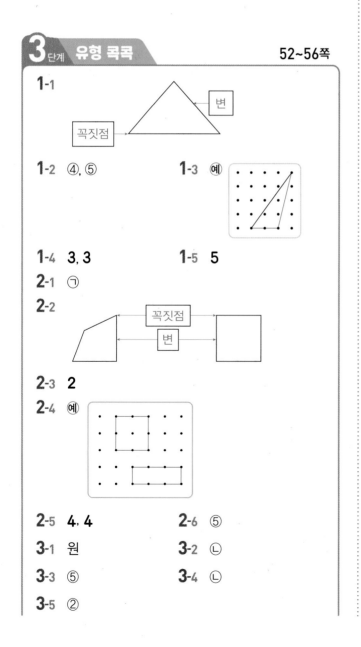

4-1 삼각형, 3

4-2

4-3 예

4-4 예

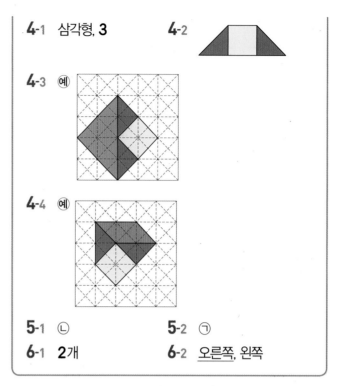

5-1 ㉡   **5-2** ㉠

6-1 2개   **6-2** 오른쪽, 왼쪽

1-5 삼각형 1개 짜리 : ㉠, ㉡, ㉢ ➡ 3개
   삼각형 2개 짜리 : ㉠+㉡ ➡ 1개
   삼각형 3개 짜리 : ㉠+㉡+㉢ ➡ 1개
   따라서 크고 작은 삼각형의 개수는 5개입니다.

2-1 4개의 곧은 선으로 둘러싸인 도형을 사각형이라고 합니다.

2-3 사각형은 변과 꼭짓점이 각각 4개씩 있습니다.

2-4 사각형 : 4개의 곧은 선으로 둘러싸인 도형

2-6 ⑤ 삼각형입니다.

3-3 원은 굽은 선으로만 둘러싸인 동그란 모양의 도형입니다.

3-4 곧은 선과 뾰족한 점이 없는 도형은 원입니다.

4-1 삼각형 : 5개, 사각형 : 2개
   ➡ 5−2=3(개)

6-1 모양을 만들려면 6개의 쌓기나무가 있어야 하므로
   6−4=2(개)가 더 있어야 합니다.

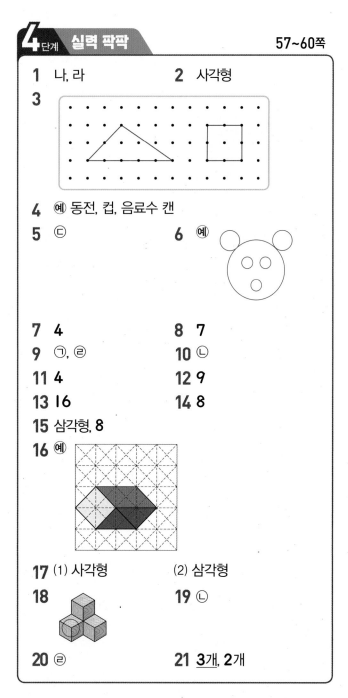

4 단계 실력 팍팍 57~60쪽

1 나, 라   2 사각형

3

4 ⑳ 동전, 컵, 음료수 캔

5 ㉢   6 ⑳

7 4   8 7

9 ㉠, ㉢   10 ㉡

11 4   12 9

13 16   14 8

15 삼각형, 8

16 ⑳

17 (1) 사각형   (2) 삼각형

18   19 ㉡

20 ㉣   21 3개, 2개

4 생활 주변에서 동그란 모양을 찾아봅니다.

5 ㉢ 원의 모양은 모두 같지만 크기는 모두 같지 않습니다.

7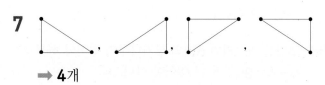

➡ 4개

8 꼭짓점이 삼각형은 3개, 사각형은 4개, 원은 0개입니다.

따라서 꼭짓점은 모두 4+3+0=7(개)입니다.

9 ㉠ 사각형 1개, 삼각형 2개
   ㉡ 사각형 1개, 원 2개
   ㉢ 삼각형 2개, 원 1개
   ㉣ 사각형 1개, 삼각형 2개

10 ㉡에는 사각형과 원이 들어 있습니다.

11 사각형 : 9개, 삼각형 : 7개, 원 : 5개
   ➡ 9-5=4(개)

12 1칸짜리 : 4개, 2칸짜리 : 4개, 4칸짜리 : 1개
   ➡ 4+4+1=9(개)

13 색종이를 점선을 따라 자르면 삼각형은 16개가 생깁니다.

14 색종이를 점선을 따라 자르면 사각형은 8개가 생깁니다.

15 삼각형이 16-8=8(개) 더 많습니다.

17 (1) 꼭짓점의 수가 3+1=4(개)이므로 사각형입니다.
   (2) 변의 수가 4-1=3(개)이므로 삼각형입니다.

19 1층의 쌓기나무의 수가 4개인 것은 ㉡과 ㉢입니다.
   ㉡과 ㉢ 중 3층으로 쌓은 것은 ㉡입니다.

20   점선으로 그려진 부분에 쌓기나무를 한 개 더 쌓으면 (보기)의 모양과 같은 모양이 됩니다.

서술 유형 익히기 61~62쪽

유형 1
3, 3, 4, 4

예제 1
풀이 참조

유형 2
왼쪽, 1

예제 2
풀이 참조

1 사각형은 변이 **4**개, 꼭짓점이 **4**개입니다. ― ①
주어진 도형은 변이 **5**개, 꼭짓점이 **5**개입니다. 따라서 사각형이 아닙니다. ― ②

평가기준	배점
① 사각형이 될 조건을 아는 경우	2점
② 사각형이 아닌 이유를 설명한 경우	2점

2 ㉖ 쌓기나무 **3**개를 **3**층으로 쌓고, **1**층 쌓기나무의 앞과 오른쪽에 쌓기나무 **1**개씩을 놓습니다. ― ①

평가기준	배점
① 쌓기나무로 쌓은 모양을 보고 쌓은 방법을 바르게 설명한 경우	4점

놀이 수학   63쪽

1 풀이 참조   **2** 풀이 참조

1
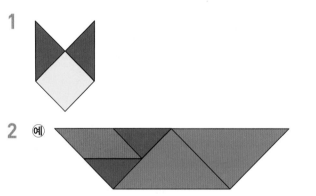

2 ㉖
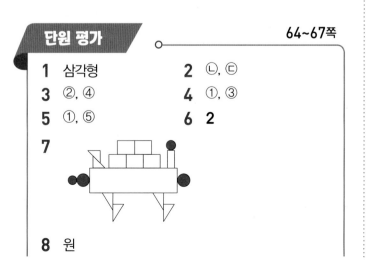

단원 평가   64~67쪽

1 삼각형   **2** ㉡, ㉢
3 ②, ④   **4** ①, ③
5 ①, ⑤   **6** 2

7

8 원

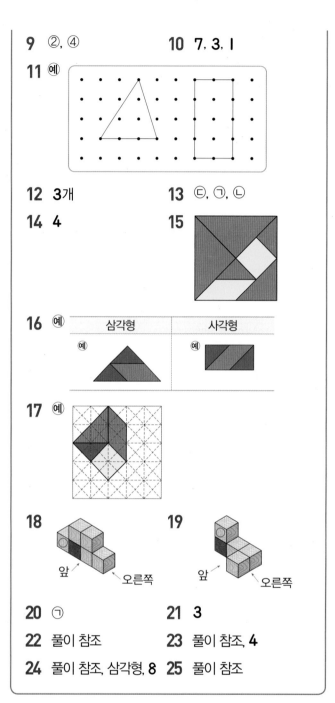

9 ②, ④   **10** 7, 3, 1
11 ㉖

12 3개   **13** ㉢, ㉠, ㉡
14 4   **15**

16 ㉖

삼각형	사각형
㉖	㉖

17 ㉖

18

앞   오른쪽

19

앞   오른쪽

20 ㉠   **21** 3
22 풀이 참조   **23** 풀이 참조, 4
24 풀이 참조, 삼각형, 8   **25** 풀이 참조

3 ①, ③ : 삼각형   ⑤ : 원

4 사각형은 **4**개의 곧은 선으로 둘러싸인 도형입니다.

9 ② 점선을 따라 자르면 **4**개의 사각형으로 나누어집니다.
④ 점선을 따라 자르면 **3**개의 사각형으로 나누어집니다.

12 사각형의 변은 **4**개입니다. 주어진 곧은 선은 **1**개이므로 더 그어야 할 곧은 선은 **4**−**1**=**3**(개)입니다.

13 ㉠ **3**개 ㉡ **0**개 ㉢ **4**개

14 원 : **2**개, 삼각형 : **3**개, 사각형 : **6**개
따라서 가장 많이 사용한 사각형은 가장 적게 사용한 원보다 **6−2＝4**(개) 더 많습니다.

20 왼쪽 모양은 **2**층의 쌓기나무 개수가 **1**개인데 오른쪽 모양은 **2**층에 쌓기나무가 없습니다.
따라서 **2**층에 놓인 쌓기나무를 빼내야 합니다.

서술형

22 원은 동그란 모양의 도형입니다.
그런데 주어진 도형은 동그란 모양이 아니므로 원이 아닙니다. ─①

평가기준	배점
① 원이 아닌 이유를 설명한 경우	4점

23

1칸짜리 : ㉠
2칸짜리 : ㉠+㉡, ㉡+㉢
3칸짜리 : ㉠+㉡+㉢ ─①
따라서 찾을 수 있는 크고 작은 사각형은 모두 **4**개입니다. ─②

평가기준	배점
① 크고 작은 사각형의 개수를 구하는 과정을 쓴 경우	3점
② 답을 구한 경우	2점

24 접었다가 펼치면 와 같은 모양이 됩니다. ─①

따라서 접은 선을 따라 잘랐을 때 생기는 도형은 삼각형이고 모두 **8**개입니다. ─②

평가기준	배점
① 접었다가 펼친 모양을 아는 경우	3점
② 생기는 도형의 이름과 개수를 구한 경우	2점

25 ㉲ **1**층에 쌓기나무 **1**개를 놓고, 놓은 쌓기나무의 앞에 **1**개, 뒤쪽에 **1**개, 오른쪽에 **1**개, 위쪽에 **1**개를 놓았습니다. ─①

평가기준	배점
① 쌓은 방법을 바르게 설명한 경우	4점

⊕ 탐구 수학   68쪽

1 삼각형, 8   **2** 풀이 참조

1 색종이를 점선을 따라 자르면 삼각형이 **8**개 만들어집니다.

2 ㉲

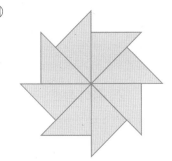

⌂ 생활 속의 수학   69~70쪽

변이 **4**개이므로 사각형이라고 이름을 지어 주셨습니다.

3단원 덧셈과 뺄셈

1단계 개념 탄탄 72쪽

1 (1) **24**   (2) **43**
2 I, 2 / I, 5, 2

1 (1) 일 모형 **5**개와 일 모형 **9**개를 더하면 **I4**개이므로 일 모형 **I0**개를 십 모형 **I**개로 바꾸면 십 모형 **2**개와 일 모형 **4**개가 됩니다.
     (2) 일 모형 **5**개와 일 모형 **8**개를 더하면 **I3**개이므로 일 모형 **I0**개를 십 모형 **I**개로 바꾸면 십 모형 **4**개와 일 모형 **3**개가 됩니다.

2단계 핵심 쏙쏙 73쪽

1 30, 3I / 3I
2

○	○	○	○	○		△	△	△	△	△
○	○	○	○	△						

, 25

3 34   **4** I, 4 / I, 6, 4
5 I, 5, 2
6 (1) **32**   (2) **70**

5 일의 자리 숫자의 합이 **5+7=12**이므로 십의 자리로 받아올림합니다.

1단계 개념 탄탄 74쪽

1 (1) **52**   (2) **83**

1 (2) 일 모형이 **6+7=13**(개)이므로 십 모형 **I**개와 일 모형 **3**개가 됩니다.
따라서 **46+37**은 십 모형 **8**개와 일 모형 **3**개이므로 **83**입니다.

2단계 핵심 쏙쏙 75쪽

1 4, 4, 50   **2** 16, 16, 66
3 72   **4** I, 2 / I, 6, 2

5 I, 8, 3
6 (1) **87**   (2) **71**
     (3) **90**   (4) **91**

4 일의 자리의 숫자끼리의 합이 **7+5=12**이므로 **I0**은 십의 자리로 받아올림하고 **2**는 일의 자리에 내려 씁니다.

1단계 개념 탄탄 76쪽

1 II9   **2** I23

2 일 모형이 **5+8=13**(개)이므로 십 모형 **I**개와 일 모형 **3**개가 되고, 십 모형이 **7+4=11**(개)이므로 백 모형 **I**개와 십 모형 **I**개가 됩니다.
따라서 **75+48**은 백 모형 **I**개, 십 모형 **2**개, 일 모형 **3**개이므로 **I23**입니다.

2단계 핵심 쏙쏙 77쪽

1 5 / I, I, I, 5   **2** I, I, 3, 8
3 (1) **I38**   (2) **II8**
     (3) **II8**   (4) **I09**
4 I, 3 / I, I, I, 0, 3   **5** I, I, I, 3, 4
6 (1) **I75**   (2) **I05**
     (3) **III**   (4) **I33**

3단계 유형 콕콕 78~81쪽

1-1 33   **1-2** 35+7=42, 42
1-3 (1) **54**   (2) **6I**
     (3) **27**   (4) **43**
1-4 I0   **1-5** 73
1-6 84   **1-7**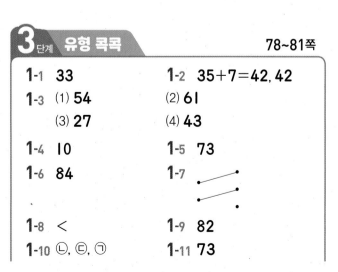
1-8 <   **1-9** 82
1-10 ㉡, ㉢, ㉠   **1-11** 73

2-1 ① 79 ② 83

2-2 (1) 2, 20, 57 (2) 40, 17, 57

2-3
34 + 29
50 ╳ 13
63

2-4 62

2-5 1, 8, 0

2-6 (1) 75 (2) 95

2-7 65

2-8 40, 84

2-9 6, 4

2-10 82

3-1 120

3-2 1, 1, 1, 6, 1

3-3 85, 144

3-4 141

3-5 105, 126

3-6 8, 3

3-7 104

1-3 (3)
```
  1
  1 8
+   9
  2 7
```
(4)
```
  1
  3 7
+   6
  4 3
```

1-4 $\boxed{1}$은 일의 자리 계산 7+4=11에서 10을 십의 자리로 받아올림한 것을 나타냅니다.

1-5 65+8=73

1-6 75+9=84

1-7
```
  1
  4 2
+   9
  5 1
```
```
  1
  5 5
+   6
  6 1
```

1-8 46+8=54 ➡ 54<55

1-9
```
  1
  7 7
+   5
  8 2
```

1-10 ㉠
```
  1
  3 7
+   4
  4 1
```
㉡
```
  1
  3 8
+   5
  4 3
```
㉢
```
  1
  3 6
+   6
  4 2
```

1-11 (동화책의 전체 쪽수)=66+7=73(쪽)

2-4 일 모형 5개와 7개를 더하면 십 모형 1개와 일 모형 2개가 됩니다.

2-7
```
  1
  3 6
+ 2 9
  6 5
```

2-8 18+22=40
49+35=84

2-9
```
    2 5
+ ㉠ 9
  9 ㉡
```
에서

5+9=14 ➡ ㉡=4
1+2+㉠=9 ➡ ㉠=6

2-10 (영수가 가지고 있는 색종이 수)
=(노란 색종이 수)+(파란 색종이 수)
=57+25=82(장)

3-4
```
  1 1
  8 5
+ 5 6
1 4 1
```

3-5 67+38=105
54+72=126

3-6
```
  8 ㉠
+ 4 7
1 ㉡ 5
```
에서

㉠+7=15 ➡ ㉠=8
1+8+4=13 ➡ ㉡=3

3-7 (파인애플의 수)+(키위의 수)
=47+57=104(개)

1 단계 개념 탄탄
82쪽

1 (1) 25 (2) 39

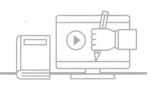

1 (1) 일 모형 **2**개에서 **7**개를 덜어낼 수 없으므로 십 모형 **1**개를 일 모형 **10**개로 바꾼 후 일 모형 **12**개에서 **7**개를 덜어내면 십 모형 **2**개와 일 모형 **5**개가 됩니다.

　(2) 일 모형 **2**개에서 **3**개를 덜어낼 수 없으므로 십 모형 **1**개를 일 모형 **10**개로 바꾼 후 일 모형 **12**개에서 **3**개를 덜어내면 십 모형 **3**개와 일 모형 **9**개가 됩니다.

2단계 핵심 쏙쏙 83쪽

1 8, 9 / 8
2 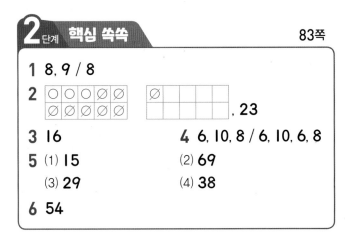 , 23
3 16
4 6, 10, 8 / 6, 10, 6, 8
5 (1) 15　　(2) 69
　 (3) 29　　(4) 38
6 54

6 63>9이므로 63-9=54입니다.

1단계 개념 탄탄 84쪽

1 23　　　**2** 18

1 십 모형 **1**개를 일 모형 **10**개로 바꾼 후 일 모형 **10**개에서 **7**개를 뺍니다.

2단계 핵심 쏙쏙 85쪽

1 20, 13　　**2** 33, 20, 13
3 10, 3, 13　　**4** 4, 10, 1 / 4, 10, 3, 1
5 8, 10, 6, 5
6 (1) 42　　(2) 16
　 (3) 57　　(4) 34

1단계 개념 탄탄 86쪽

1 19　　　　　**2** 25

2 일 모형 **3**개에서 **8**개를 뺄 수 없으므로 십 모형 **1**개를 일 모형 **10**개로 바꾼 후 일 모형 **13**개에서 **8**개를 뺍니다.

2단계 핵심 쏙쏙 87쪽

1 3, 10, 9 / 3, 10, 1, 9　**2** 7, 10, 2, 4
3 (1) 36　　(2) 37
　 (3) 18　　(4) 49
4 (1) 39　　(2) 45
5 48
6
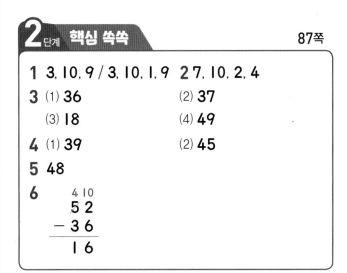

3 (3)
```
   3 10
   4 7
 - 2 9
 ─────
   1 8
```
(4)
```
   7 10
   8 4
 - 3 5
 ─────
   4 9
```

5 96-48=48
6 받아내림한 수를 빠뜨리고 계산하였습니다.

3단계 유형 콕콕 88~91쪽

4-1 19
4-2 (1) 25　　(2) 75
　　 (3) 44　　(4) 68
4-3 20　　　**4-4** 38
4-5
```
   8 10
   9 2
 -   8
 ─────
   8 4
```
4-6 48

4-7

4-8 >

4-9 49

4-10 16, 34

4-11 15

5-1 12

5-2 (1) 9　　(2) 31
　　(3) 55　　(4) 14

5-3 29　　**5-4** 46

5-5 25　　**5-6** 2

5-7 18

6-1 ① : 52　② : 45

6-2 (1) 41, 32　　(2) 1, 31, 32

6-3
$$4 \; 1 - 2 \; 4$$
$$37$$
$$17$$

6-4 19

6-5 (1) 55　　(2) 13
　　(3) 17　　(4) 38

6-6 57　　**6-7** 49

6-8 6, 8　　**6-9** 37

6-10 16

4-3 2 는 30에서 10을 받아내림하고 남은 수 20을 나타냅니다.

4-4 42−4=38

4-5 받아내림한 수를 빠뜨리고 계산하였습니다.

4-6
```
    4 10
     5 1
  −   3
     4 8
```

4-7
```
  5 10        5 10
   6 4         6 3
 −   9       −   6
   5 5         5 7
```

4-8 84−5=79 ➡ 79>76

4-9 가장 큰 수 : 56, 가장 작은 수 : 7
　　➡ 56−7=49

4-10 25−9=16, 42−8=34

4-11 (남은 초콜릿 수)
　　=(처음에 있던 초콜릿 수)
　　　−(친구에게 준 초콜릿 수)
　　=21−6=15(개)

5-4 60−14=46

5-5 ㉠ 70　㉡ 45 ➡ 70−45=25

5-6 8−1−□=5, □=2

5-7 30−12=18(마리)

6-4 십모형 1개를 일 모형 10개로 바꾸어 계산합니다.

6-5 (3)
```
    4 10
     5 6
  −  3 9
     1 7
```
(4)
```
    7 10
     8 3
  −  4 5
     3 8
```

6-6 94−37=57

6-7 75−26=49

6-8
```
   ㉠ 1
 −  2 ㉡
    3 3
```
에서
10+1−㉡=3 ➡ ㉡=8
㉠−1−2=3 ➡ ㉠=6

6-9 72−35=37(장)

6-10 (남은 사탕 수)
　　=(처음에 가지고 있던 사탕 수)−(먹은 사탕 수)
　　=43−27=16(개)

1단계 개념 탄탄
92쪽

1 (1) 73, 85 / 85　　(2) 64, 35 / 35

2 (1) 61, 28 / 28　　(2) 11, 20 / 20

1 (2) 세 수의 뺄셈은 계산 순서에 따라 결과가 달라지므로 앞에서부터 순서대로 계산합니다.

2 받아올림과 받아내림에 주의하여 앞에서부터 순서대로 계산합니다.

2단계 핵심 쏙쏙　　　　　　　　93쪽

1 (1) 66, 66, 38 / 38　(2) 25, 25, 41 / 41
　(3) 35, 35, 12 / 12
2 (1) 116　　　　　　　　(2) 27
　(3) 29　　　　　　　　(4) 56
3 (1) 38　　　　　　　　(2) 54
4 82　　　　　　　　　**5** 33

2 (1) $63+18+35=81+35=116$
　(2) $97-29-41=68-41=27$
　(3) $36+19-26=55-26=29$
　(4) $72-34+18=38+18=56$

3 (1)
```
      1          6 10
    2 6        7 3
  + 4 7   →  - 3 5
  ─────      ─────
    7 3        3 8
```
(2)
```
    5 10          1
    6 7        3 9
  - 2 8   →  + 1 5
  ─────      ─────
    3 9        5 4
```

4 세 수의 덧셈은 계산 순서에 관계없이 결과가 같습니다.
$25+38+19=63+19=82$

5 $38+11-16=49-16=33$(대)

1단계 개념 탄탄　　　　　　　　94쪽

1 5, 5, 18
2 (1) 17, 20　　　　　　　(2) 20, 15

2단계 핵심 쏙쏙　　　　　　　　95쪽

1 81, 52 / 81, 29
2 62, 34, 28 / 62, 28, 34

3 61, 37, 24 / 61, 24, 37
4 39, 67 / 28, 67
5 34, 17, 51 / 17, 34, 51
6 29, 54, 83 / 54, 29, 83

2

$28+34=62$　　　$28+34=62$
$62-34=28$　　　$62-28=34$

5

$51-34=17$　　　$51-34=17$
$34+17=51$　　　$17+34=51$

1단계 개념 탄탄　　　　　　　　96쪽

1 , 6
2 , 7

1 양쪽의 수가 같아지도록 빈 곳에 ○를 그리면 ○는 6개입니다.
따라서 $4+\square=10$에서 □의 값은 6입니다.

2 양쪽의 수가 같아지도록 /로 지워보면 지워지는 꽃은 7송이입니다.
따라서 $12-\square=5$에서 □의 값은 7입니다.

2단계 핵심 쏙쏙　　　　　　　　97쪽

1 ○○○ / 3　　　　　**2** $\square+8=27$, 19
3 (1) $\square+26=60$　　(2) 34
4 6　　　　　　　　　**5** $31-\square=8$, 23
6 (1) $25-\square=7$　　(2) 18

2 □+8=27 ➡ 27-8=□, □=19

3 (2) □+26=60 ➡ 60-26=□, □=34

5 31-□=8 ➡ 31-8=□, □=23

6 (2) 25-□=7 ➡ 25-7=□, □=18

3단계 유형 콕콕
98~102쪽

7-1 27, 27, 53 / 53

7-2 (1) 91, 73 / 73　　(2) 37, 75 / 75

7-3 (1) 55　　(2) 82

7-4 36　　　　　　**7-5** <

7-6 26　　　　　　**7-7** 61

8-1 34, 49　　　　**8-2** 38, 15

8-3 (○)
　　( )

8-4 (1) ㉢　　　　(2) ㉠

8-5 (1) 84, 39, 45 / 84, 45, 39
　　(2) 46, 48, 94 / 48, 46, 94

9-1 □+19=37, 18

9-2 (1) 29　　　　(2) 14
　　(3) 45　　　　(4) 42

9-3 예슬　　　　**9-4** 47

9-5 (1) 8+□=15　　(2) 7
　　(3) 7

9-6 4+□=13, 9　　**9-7** □+18=42, 24

9-8 15+□=38, 23

10-1 24-□=9, 15

10-2 (1) 31　　　　(2) 19
　　(3) 52　　　　(4) 34

10-3 36　　　　　**10-4** ㉡

10-5 (1) 18-□=11　(2) 7
　　(3) 7

10-6 24-□=18, 6　**10-7** □-11=35, 46

10-8 □-19=21, 40

7-2 앞에서부터 두 수씩 차례로 계산합니다.

7-3 (1) 17+64-26=81-26=55
　　(2) 52-15+45=37+45=82

7-4 19+□+18=73, □=73-19-18, □=36

7-5 35+38-29=73-29=44
　　➡ 44<46

7-6 (남은 도토리의 수)
　　=66-19-21
　　=47-21=26(개)

7-7 72-26+15=46+15=61(개)

8-1 49+34=83　　　49+34=83

　　83-34=49　　　83-49=34

8-2 53-38=15　　　53-38=15

　　15+38=53　　　38+15=53

8-3 27+24=51

　　51-24=27

8-4 (1) ㉢ 25+16=41　(2) ㉠ 81-46=35

　　41-16=25　　　46+35=81

9-1 □+19=37 ➡ 37-19=□, □=18

9-2 (1) □+31=60 ➡ 60-31=□, □=29
　　(3) 28+□=73 ➡ 73-28=□, □=45

9-3 26+□=43 ➡ 43-26=□, □=17

9-4 24+㉠=56 ➡ 56-24=㉠, ㉠=32
　　㉡+17=32 ➡ 32-17=㉡, ㉡=15

➡ ㉠+㉡=32+15=47

9-5 ⑵ 오른쪽으로 **8**만큼 가고 다시 오른쪽으로 **7**만큼
갔더니 **15**가 되었습니다.

9-6 날아온 참새 수를 □로 하여 덧셈식으로 나타내면
4+□=**13** ➡ **13**-**4**=□, □=**9**

9-7 □+**18**=**42** ➡ **42**-**18**=□, □=**24**

9-8 **15**+□=**38** ➡ **38**-**15**=□, □=**23**

10-1 **24**-□=**9** ➡ **24**-**9**=□, □=**15**

10-2 ⑴ □-**4**=**27** ➡ **27**+**4**=□, □=**31**
⑶ **91**-□=**39** ➡ **91**-**39**=□, □=**52**

10-3 □-**18**=**18**
➡ **18**+**18**=□, □=**36**

10-4 ㉠ **71**-□=**32** ➡ **71**-**32**=□, □=**39**
㉡ □-**25**=**18** ➡ **18**+**25**=□, □=**43**

10-5 ⑵ **0**에서 오른쪽으로 **18**만큼 갔다가 다시 왼쪽으로 **7**만큼 되돌아와서 **11**이 되었습니다.

10-6 동생에게 준 구슬 수를 □로 하여 뺄셈식으로 나타내면 **24**-□=**18** ➡ **24**-**18**=□, □=**6**

10-7 어떤 수를 □로 하여 식으로 나타내면
□-**11**=**35** ➡ **35**+**11**=□, □=**46**

10-8 상연이가 처음에 가지고 있던 단추 수를 □로 하여
식으로 나타내면
□-**19**=**21** ➡ **21**+**19**=□, □=**40**

4단계 **실력 팍팍**   103~106쪽

1 32	**2** 7, 8, 9
3 54, 9	**4** 풀이 참조
5 61, 92, 101, 90 / 다, 나, 라, 가	
6 92	**7** 112, 47, 65
8 121	**9** 10

---

10 풀이 참조
11 ⑴ >   ⑵ <
12 2
13 ⑴ 6, 2   ⑵ 1, 2
14 8, 2, 3, 5
15 26   **16** -, +
17 17   **18** 47
19 ⑴ 17, 17   ⑵ 44, 44
20 55   **21** 22
22 27, ⑩ 8+19=□   **23** 18

1 아버지가 딴 포도는 **9**+**14**=**23**(송이)이므로 두 사람이 딴 포도는 모두 **9**+**23**=**32**(송이)입니다.

2 **69**+**6**=**75**이므로 □ 안에는 **6**보다 큰 **7**, **8**, **9** 가 들어갈 수 있습니다.

3 **54**+**9**=**63**

4
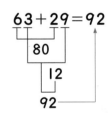

5 게 : **45**+**16**=**61**
문어 : **28**+**64**=**92**
불가사리 : **62**+**39**=**101**
물고기 : **38**+**52**=**90**

6 **23**+**23**=**46**이므로 ■=**23**입니다.
23+**46**=●, ●=**69**
23+**69**=★, ★=**92**

7 **18**+**29**=**47**, **29**+**36**=**65**, **47**+**65**=**112**

8 가장 큰 수 : **98**, 가장 작은 수 : **23**
➡ **98**+**23**=**121**

9 전체 학생 수에서 남학생 **4**명을 빼면 남학생 수와 여학생 수가 같아집니다.
따라서 **24**-**4**=**20**(명)이고 **20**은 **10**과 **10**으로 가르기 할 수 있으므로 한솔이네 반의 여학생은 **10**명입니다.

10 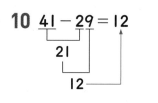　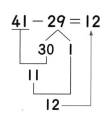

11 (1) $47+25=72$, $93-27=66$ ➡ $72>66$

　　(2) $58-19=39$, $16+28=44$ ➡ $39<44$

12 $95-66=29$, $95-56=39$, $95-46=49$이므로 □ 안에 들어갈 수 있는 숫자는 **6**, **5**입니다.

13 (1) $9+㉠=15$ ➡ $㉠=6$
　　　$1+7+4=12$ ➡ $㉡=2$

$$\begin{array}{r} 7\ 9 \\ +\ \ 4\ ㉠ \\ \hline 1\ ㉡\ 5 \end{array}$$

　　(2) $10+㉠-2=9$ ➡ $㉠=1$
　　　$6-1-㉡=3$ ➡ $㉡=2$

$$\begin{array}{r} 6\ ㉠ \\ -\ ㉡\ 2 \\ \hline 3\ 9 \end{array}$$

14 일의 자리의 숫자가 **7**이므로
$15-8=7$인 경우와 $12-5=7$인 경우를 생각해 볼 수 있습니다.
① ㉡=**5**, ㉣=**8**인 경우
　㉠>㉡이므로 ㉠=**3**, ㉡=**2**이어야 합니다.
　➡ $35-28=7$입니다.
② ㉡=**2**, ㉣=**5**인 경우
　㉠=**8**, ㉡=**3**이므로 $82-35=47$입니다.

15 $13+□+53=92$
　　$□=92-13-53=79-53=26$

16 $75-26+14=49+14=63$

17 (더 옮겨야 하는 돌의 수)
　　$=92-46-29=46-29=17$(개)

18 (효근이가 가지고 있는 구슬 수)
　　$=43-15+19=28+19=47$(개)

20 지혜가 가진 카드에 적힌 두 수의 합은
　　$42+38=80$입니다.
　　가영이가 가진 다른 수 카드에 적힌 수를 □라 하면
　　$25+□=80$, $80-25=□$, $□=55$입니다.

21 $35-(어떤 수)=28$이므로

(어떤 수)$=35-28=7$입니다.
따라서 어떤 수에 **15**를 더하면 $7+15=22$입니다.

22 $□-19=8$ ➡ $8+19=□$, $□=27$

23 어떤 수를 □라 하면 작은 수는 **25**이고 큰 수는 **43**이므로 식을 만들면 $25+□=43$입니다.
$25+□=43$ ➡ $43-25=□$, $□=18$

📝 **서술 유형 익히기**　　107~108쪽

유형 1
97, 35, 97, 35, 132, 132

예제 1
풀이 참조, 110

유형 2
15, 17, 43, 43

예제 2
풀이 참조, 65

---

1 만들 수 있는 두 자리 수 중 가장 큰 수는 **86**이고 가장 작은 수는 **24**입니다. ─①
따라서 두 수의 합을 구하면
$86+24=110$입니다. ─②

평가기준	배점
① 가장 큰 수와 가장 작은 수를 각각 구한 경우	2점
② 두 수의 합을 구하는 식을 세워 바르게 계산하는 경우	2점
③ 답을 구한 경우	1점

2 형에게 받은 색종이 수는 덧셈으로, 동생에게 준 색종이 수는 뺄셈으로 계산합니다.
따라서 동민이가 지금 가지고 있는 색종이는
$54+28-17=65$(장)입니다. ─①

평가기준	배점
① 식을 세워 바르게 계산한 경우	4점
② 답을 구한 경우	1점

➕➖✖️➗ **놀이 수학**　　109쪽

1 18　　　　**2** 31, 23

1 지혜의 점수는 37+34=71(점)이므로 석기의 점수는 71-8=63(점)입니다.
따라서 석기의 나머지 1개의 화살은 63-45=18(점)에 꽂혔습니다.

2 지혜가 8점 앞서 있는 상태이므로 마지막 화살의 점수는 석기가 지혜보다 8점 앞서야 동점이 됩니다.
따라서 파란색에 꽂히면 맞힌 점수를 빼야 하므로 지혜는 31점에, 석기는 23점에 꽂혔습니다.

단원 평가

110~113쪽

1 53

2 (1) 1, 53　　(2) 1, 10, 14

3 60　　**4** 111, 33

5 ㉡, ㉣, ㉢, ㉠　　**6** 71, 71, 34 / 34

7 24, 72 / 72

8 (1) 55　　(2) 101

9 28+48=76, 48+28=76

10
52 - 39
40　1
12
13

11 57, 28

12 ③　　**13** >

14 37, 83 / 37, 46

15
$$\begin{array}{r} 5\ 10 \\ 6\ 8 \\ -\ 2\ 9 \\ \hline 3\ 9 \end{array}$$

16 46-□=28, 18　　**17** 37+□=81, 44

18 (1) 3, 5　　(2) 4, 1

19 86　　**20** 19

21 16　　**22** 풀이 참조, 92

23 풀이 참조, 34　　**24** 풀이 참조, 31

25 풀이 참조, 2

---

4 합 : 72+39=111
차 : 72-39=33

5 ㉠ 68　㉡ 72　㉢ 69　㉣ 70
㉡ 72>㉣ 70>㉢ 69>㉠ 68

8 (1) 43+39-27=82-27=55
(2) 82-46+65=36+65=101

9 76-48=28　　76-48=28

28+48=76　　48+28=76

10 39를 40보다 1만큼 더 작은 수로 생각하여 계산하는 방법입니다.

11 94-37=57, 57-29=28

12 ① 92　② 92　③ 101　④ 95　⑤ 91

13 54+27=81, 92-18=74
➡ 81>74

15 받아내림한 수를 빠뜨리고 계산하였습니다.

16 사용한 철사의 길이를 □ cm라 하고 식을 만들면
46-□=28 ➡ 46-28=□, □=18

17 배나무의 수를 □로 하여 식을 만들면
37+□=81 ➡ 81-37=□, □=44

18 (1) 6+9=15, ㉡=5
1+2+㉠=6, ㉠=3

$$\begin{array}{r} 2\ 6 \\ +\ ㉠\ 9 \\ \hline 6\ ㉡ \end{array}$$

(2) 10+㉠-8=6, ㉠=4
7-1-㉡=5, ㉡=1

$$\begin{array}{r} 7\ ㉠ \\ -\ ㉡\ 8 \\ \hline 5\ 6 \end{array}$$

19 (영수가 넘은 줄넘기 횟수)+(한별이가 넘은 줄넘기 횟수)
=39+47=86(회)

20 가장 많이 넘은 사람 : 석기(55회)
가장 적게 넘은 사람 : 효근(36회)
➡ 55-36=19(회)

21 (영수)+(효근)=**39**+**36**=**75**(회)
(동민)+(한별)=**44**+**47**=**91**(회)
따라서 **91**−**75**=**16**(회) 더 적습니다.

 서술형

22 어떤 수를 □라 하면 □−**39**=**53**이므로

$$□-39=53$$

$$53+39=□$$

따라서 어떤 수는 **53**+**39**=**92**입니다. −①

평가기준	배점
① 식을 세워 바르게 구한 경우	2점
② 답을 구한 경우	2점

23 빠져 나간 자동차 수는 뺄셈으로, 들어온 자동차 수는 덧셈으로 계산합니다. 따라서 지금 주차장에 있는 자동차는 **47**−**28**+**15**=**19**+**15**=**34**(대)입니다. −①

평가기준	배점
① 식을 세워 바르게 구한 경우	3점
② 답을 구한 경우	2점

24 ●가 **16**이므로 ●+●+●=★
➡ **16**+**16**+**16**=**48**
따라서 ★은 **48**입니다. −①
★=**48**이므로 ★−**29**+**12**=▲,
▲=**48**−**29**+**12**=**31**
따라서 ▲는 **31**입니다. −②

평가기준	배점
① ★의 값을 구한 경우	2점
② ▲의 값을 구한 경우	3점

25 **16**+□**6**=**52**, □**6**=**52**−**16**, □**6**=**36**
16+□**6**이 **52**보다 작으려면 □**6**은 **36**보다 작아야 합니다. −①
따라서 □ 안에 들어갈 수 있는 숫자는 **1**, **2**로−②
2개입니다. −③

평가기준	배점
① □6이 될 수 있는 수들을 아는 경우	2점
② □ 안에 들어갈 숫자를 모두 구한 경우	2점
③ 답을 구한 경우	1점

탐구 수학 114쪽

1 풀이 참조

2 ① **15, 6**　② **15, 6**　③ **30, 15**
④ **30, 15**　⑤ **15, 58**　⑥ **58, 15**

1

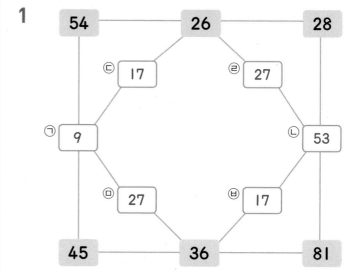

㉠ **54**−**45**=**9**, ㉡ **81**−**28**=**53**,
㉢ **26**−**9**=**17**, ㉣ **53**−**26**=**27**,
㉤ **36**−**9**=**27**, ㉥ **53**−**36**=**17**

생활 속의 수학 115~116쪽

17마리

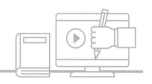

1단계 개념 탄탄   118쪽

1 5   **2** 10

1 막대의 길이는 양팔의 길이로 **5**번입니다.

2 막대의 길이는 발걸음으로 **10**번입니다.

2단계 핵심 쏙쏙   119쪽

1 ③   **2** 14
3 11   **4** 10
5 4   **6** 클립
7 분필

1 뼘, 연필, 지우개, 엄지손가락의 너비로 재면 재는 횟수가 너무 많습니다.

4 연필의 길이는 클립을 **10**개 늘어놓은 길이와 같으므로 클립의 길이로 **10**번입니다.

5 연필의 길이는 분필을 **4**개 늘어놓은 길이와 같으므로 분필의 길이로 **4**번입니다.

1단계 개념 탄탄   120쪽

1 1 cm, 1 센티미터   **2** (   )
                             (○)

2단계 핵심 쏙쏙   121쪽

1 1cm
2 (1) 5   (2) 6
3 3   **4** 6
5 4
6 (1) 7   (2) 4

2 (1) 자의 큰 눈금 **5**칸의 길이는 1 cm가 **5**번이므로 **5** cm입니다.
   (2) 자의 큰 눈금 **6**칸의 길이는 1 cm가 **6**번이므로 **6** cm입니다.

3 자의 큰 눈금 **3**칸의 길이는 1 cm가 **3**번이므로 **3** cm입니다.

4 크레파스의 한 쪽 끝이 자의 눈금 **0**에 맞추어져 있고, 다른 쪽 끝이 자의 눈금 **6**을 가리키므로 **6** cm입니다.

5 자의 눈금 1부터 **5**까지 1 cm가 **4**번이므로 연필의 길이는 **4** cm입니다.

1단계 개념 탄탄   122쪽

1 (1) 예 **9**   (2) **9**
2 (1) 예 **5**   (2) 예 **7**

1 (1) 1 cm 길이를 생각한 후, 크레파스의 길이를 어림해 봅니다.
   (2) 크레파스의 왼쪽 끝을 자의 눈금 **0**에 맞춘 후, 오른쪽 끝이 가리키는 눈금을 읽습니다.

2 어림한 길이를 말할 때에는 약 ☐ cm라고 합니다.

2단계 핵심 쏙쏙   123쪽

1 5   **2** 예 **5**
3 예 **4**   **4** 예 **6, 6**
5 예 **7, 7**   **6** 예 **5, 5**

2 나무막대를 자로 재어 보면 **5** cm입니다.

3 단계 유형 콕콕

124~128쪽

1-1 ㄷ	**1-2** ㄴ
1-3 ㄱ	**1-4** 3
1-5 6	**1-6** 3
1-7 8	**1-8** 13
1-9 예 ├──┼──┼──┼──┼╌╌╌╌┤	
1-10 6, 4	
1-11 ㉮ 3	㉯ 6
1-12 ( )	
(○)	
1-13 자	**1-14** ㉠
1-15 ㉡	**2-1** 5
2-2 4, 4	**2-3** 5
2-4 (1) 4	(2) 6
2-5 2, 5 (오른쪽부터)	
2-6 8, 4, 4	**2-7** 5
3-1 예 5	**3-2** 예 6
3-3 예 4, 4	**3-4** 예 5, 5
3-5 (1) 6	(2) 동민
3-6 (1) 5 cm	(2) 90 cm
3-7 효근	

1-4 리코더의 길이를 뼘으로 재면 **3**번 재어야 합니다.

1-5 주어진 선의 길이를 엄지손가락의 너비로 재면 **6**번 재어야 합니다.

1-6 막대를 **3**개 늘어놓은 길이와 같으므로 **3**번입니다.

1-7 칫솔의 길이는 클립을 **8**개 늘어놓은 길이와 같으므로 **8**번입니다.

1-11 같은 물건이라도 재는 단위를 다르게 하여 길이를 재면 나타낸 수는 각각 다릅니다.

1-12 **7**<**12**이므로 냉장고의 길이가 더 깁니다.

1-13 지우개로 재어 나타낸 수가 **7**>**3**이므로 길이가 더 긴 것은 자입니다.

2-3 자의 큰 눈금 한 칸의 길이는 **1** cm이므로 **5**칸의 길이는 **5** cm입니다.

2-4 자로 길이를 잴 때에는 한쪽 끝을 자의 눈금 **0**에 맞추고 자를 나란히 놓은 다음 다른 쪽 끝의 눈금을 읽습니다.

2-5 변의 한쪽 끝을 자의 눈금 **0**에 맞추어 길이를 잽니다.

2-7

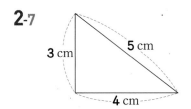

3-1 길이를 어림할 때 **1** cm가 몇 번 정도 되는지 생각하여 어림합니다.

3-2 어림한 길이를 말할 때에는 약 ☐ cm라고 합니다.

3-5 동민 : **7**−**6**=**1** (cm)
예슬 : **6**−**4**=**2** (cm)
자로 잰 길이에 더 가까이 어림한 사람은 동민입니다.

3-7 **15** cm와 차이가 가장 적게 어림한 사람을 찾습니다.
영수 : **15**−**13**=**2** (cm)
한별 : **17**−**15**=**2** (cm)
효근 : **15**−**14**=**1** (cm)
따라서 효근이가 실제 빨대 길이와 가장 가깝게 어림했습니다.

4 단계 실력 팍팍

129~130쪽

1 ㉮, ㉯, ㉰	**2** 14, 7, 2
3 ㉮	
4 (1) ㉡	(2) ㉢

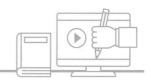

5 2, 4   **6** 6

7 7   **8** ⑤

9 풀이 참조   **10** 7, 18

11 2   **12** 효근

3 막대의 길이가 짧을수록 재어 나타낸 수가 큽니다.
따라서 막대의 길이가 가장 짧은 ㉮로 재어 나타낸
수가 가장 큽니다.

5 ㉮는 I cm가 2번이므로 2 cm이고, ㉯는 I cm가
4번이므로 4 cm입니다.

6 ㉯의 길이는 ㉮의 길이로 3번이므로 ㉯의 길이는
2+2+2=6(cm)입니다.

7 색 테이프 ㉮의 길이는 I cm가 4번이므로 4 cm이
고, 색 테이프 ㉯의 길이는 I cm가 3번이므로
3 cm입니다.
➡ 4+3=7(cm)

8 자로 재어 보면 ① 5 cm ② 6 cm ③ 4 cm
④ 3 cm ⑤ 7 cm

9

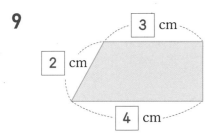

10 볼펜의 길이는 연필보다 3 cm 더 길으므로
15+3=18(cm)입니다.
못의 길이는 볼펜의 길이보다 II cm 더 짧으므로
18-11=7(cm)입니다.

11 75-73=2(cm)

12 효근 : I3-I2=I(cm)
영수 : I5-I3=2(cm)
따라서 어림한 길이와 실제 길이의 차가 더 작은 효
근이가 실제 길이에 더 가깝게 어림하였습니다.

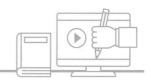

📝 서술 유형 익히기   131~132쪽

유형 1
㉠, 0, ㉠

예제 1
풀이 참조, ㉡

유형 2
I, 7, I, 7, 7

예제 2
풀이 참조, 36

1 자로 연필의 길이를 잘못 잰 것은 ㉡입니다.
그 이유는 연필의 왼쪽 끝을 자의 눈금 0에 맞추지
않았기 때문입니다. — ①

평가기준	배점
① 자로 연필의 길이를 잘못 잰 이유를 설명한 경우	3점
② 잘못 잰 기호를 쓴 경우	1점

2 한 뼘의 길이가 I2 cm이고, 잰 횟수는 3번이므로
의자의 높이는 I2+I2+I2=36(cm)입니다. — ①

평가기준	배점
① 의자의 높이는 몇 cm인지 구하는 과정을 쓴 경우	3점
② 의자의 높이를 구한 경우	1점

1 풀이 참조

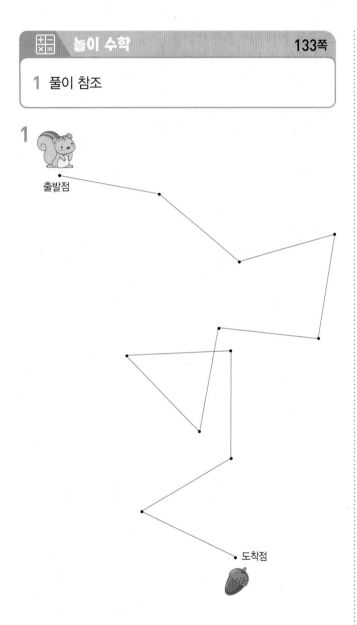

출발점

도착점

1 4
2 ⑩ ▭
3 4   4 ㉯
5 2, 6, 3   6 ㉯
7 ②   8 ③
9 ④   10 6
11 5, 5 센티미터   12 7
13 2, 4(오른쪽부터)
14 ⑩ ├────────┤- - - -┤
15 ⑩ 5, 5   16 ㉠
17 14   18 6
19 4   20 15
21 가영   22 풀이 참조, 20
23 풀이 참조, 6   24 풀이 참조, 웅이
25 풀이 참조, 상연

2 막대의 길이로 3번이므로 3칸만큼 색칠합니다.

3 클립으로 4번 잰 길이입니다.

6 색 테이프의 길이가 짧을수록 길이를 재어 나타낸 수는 큽니다.

7 뼘, 양팔, 발걸음, 엄지손가락의 너비는 사람에 따라 그 길이가 다를 수 있습니다.

9 자로 길이를 잴 때에는 한쪽 끝을 자의 눈금 0에 맞추고 자를 나란히 놓은 다음 다른 쪽 끝의 눈금을 읽습니다.

14 점선의 왼쪽 끝을 자의 눈금 0에 맞춘 다음 6 cm만큼 선을 긋습니다.

15 1 cm가 몇 번정도 되는지 생각해 어림해보고, 실제 길이는 자의 눈금 0에 한쪽 끝을 맞추어 다른 쪽 끝이 닿는 눈금의 숫자를 읽습니다.

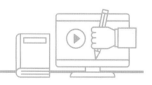

16 ㉠ : **4** cm, ㉡ : **2** cm, ㉢ : **3** cm
따라서 가장 긴 선은 ㉠입니다.

17 **6** cm는 **1** cm가 **6**번이므로 ㉠=**6**
8 cm는 **8**센티미터라고 읽으므로 ㉡=**8**
따라서 ㉠+㉡=**6**+**8**=**14**

18 자의 눈금 **6**부터 **12**까지 **1** cm가 **6**번이므로 **6** cm
입니다.

19 **7**+**7**+**7**+**7**=**28**(cm)이므로
4번 재어야 합니다.

20 수첩의 긴 쪽의 길이는 **3** cm로 **5**번이므로
3+**3**+**3**+**3**+**3**=**15**(cm)입니다.

21 가영이의 막대의 길이 : **4**+**4**=**8**(cm)
지혜의 막대의 길이 : **3**+**3**=**6**(cm)
따라서 가영이의 막대의 길이가 더 깁니다.

서술형

22 책꽂이의 긴 쪽의 길이는 동민이의 한 뼘의 길이로 **4**뼘
이므로 **10**+**10**+**10**+**10**=**40**(cm)입니다. ─ ①
짧은 쪽의 길이는 동민이의 한 뼘의 길이로 **2**뼘이므
로 **10**+**10**=**20** (cm)입니다. ─ ②
책꽂이의 긴 쪽과 짧은 쪽의 길이의 차는
40−**20**=**20** (cm)입니다. ─ ③

평가기준	배점
① 책꽂이의 긴 쪽의 길이는 몇 cm인지 설명한 경우	2점
② 책꽂이의 짧은 쪽 길이는 몇 cm인지 설명한 경우	2점
③ 긴 쪽과 짧은 쪽의 길이의 차를 구한 경우	1점

23 ㉡의 길이는 ㉠의 길이로 **3**번입니다. ─ ①
따라서 ㉡의 길이는 **2**+**2**+**2**=**6**(cm)입니다.
─ ②

평가기준	배점
① ㉡의 길이는 ㉠의 길이로 몇 번인지 설명한 경우	2점
② ㉡의 길이를 구하는 식을 쓴 경우	2점
③ ㉡의 길이를 바르게 구한 경우	1점

24 어림한 길이와 실제 길이의 차를 각각 구해 봅니다.
한별 : **8**−**5**=**3**(cm), 예슬 : **7**−**5**=**2**(cm)
웅이 : **5**−**4**=**1**(cm) ─ ①
따라서 실제 길이에 가장 가깝게 어림한 사람은 웅이
입니다. ─ ②

평가기준	배점
① 어림한 길이와 실제 길이의 차를 바르게 구한 경우	4점
② 가장 가깝게 어림한 사람을 구한 경우	1점

25 같은 길이를 걸음으로 잴 때에는 한 걸음의 길이가
길수록 재어 나타낸 수가 작습니다. ─ ①
따라서 **14**>**12**>**10**이므로 ─ ②
걸음의 수가 가장 작은 상연이의 한 걸음의 길이가
가장 깁니다. ─ ③

평가기준	배점
① 한 걸음의 길이에 따라 재어 나타낸 수의 크기를 설명한 경우	2점
② 세 사람의 걸음 수의 크기를 비교한 경우	2점
③ 한 걸음의 길이가 가장 긴 사람을 구한 경우	1점

탐구 수학 138쪽

1 **12, 8, 6, 5, 3, 2**
2 **7**   **3** **5**

2 **12**−**5**=**7**(cm)

3 **8**−**3**=**5**(cm)

생활 속의 수학 139~140쪽

• 약 **85** cm

1단계 개념 탄탄 142쪽

1

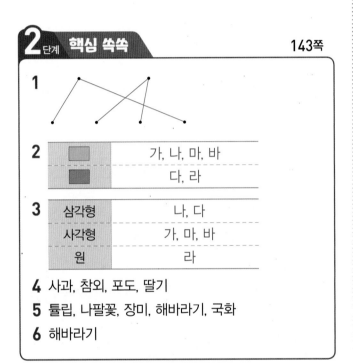 수학 교과서	지우개	주사위
필통	풀	저금통
야구공	지구본	구슬

2 강아지, 토끼, 돼지

2단계 핵심 쏙쏙 143쪽

1

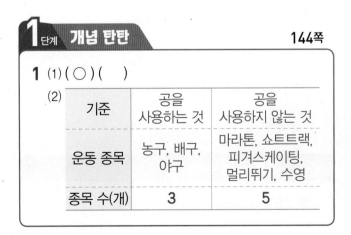

2

(연한색)	가, 나, 마, 바
(진한색)	다, 라

3

삼각형	나, 다
사각형	가, 마, 바
원	라

4 사과, 참외, 포도, 딸기

5 튤립, 나팔꽃, 장미, 해바라기, 국화

6 해바라기

4 조사한 것을 중복해서 쓰거나 빠뜨리지 않도록 합니다.

1단계 개념 탄탄 144쪽

1 (1) (○) ( )

(2)

기준	공을 사용하는 것	공을 사용하지 않는 것
운동 종목	농구, 배구, 야구	마라톤, 쇼트트랙, 피겨스케이팅, 멀리뛰기, 수영
종목 수(개)	3	5

2단계 핵심 쏙쏙 145쪽

1 (1) ㉢

(2)

종류	종이류	플라스틱류
수(개)	2	3

2

종류	바지	스웨터	치마
세면서 표시하기	///	///	////
옷의 수(개)	3	3	4

3

돈	동전	지폐
세면서 표시하기	/////	///
수	6개	3장

4 4, 2, 2, 1

5 2

3 100원짜리 **4**개, 500원짜리 **2**개 ➡ **6**개
1000원짜리 **2**장, 10000원짜리 **1**장 ➡ **3**장

5 세 자리 수는 **101**, **231**, **459**이고 이 중 보라색은 **231**, **459**로 **2**장입니다.

1단계 개념 탄탄 146쪽

1 (1) **3**, **4**, **3**   (2) 회전목마

1 (2) 학생 수가 가장 많은 놀이 기구는 회전목마입니다.

2단계 핵심 쏙쏙 147쪽

1 3   **2** 16, 9, 5
3 맑은 날   **4** 비 온 날

5 (1)

모양	△	★	■
세면서 표시하기	//	〢〢	///
붙임딱지 수(개)	2	5	3

(2) (△ , ⭐ , ■)

6

종목	^예축구	야구	농구	배구
세면서 표시하기	〢〢 ///	〢〢	////	///
학생 수(명)	8	5	4	3

축구, 축구

1 날씨는 맑은 날, 흐린 날, 비 온 날로 모두 **3**가지입니다.

3 조사한 날수가 가장 많은 날씨는 맑은 날입니다.

4 조사한 날수가 가장 적은 날씨는 비 온 날입니다.

5 (2) (1)의 표를 보면 ★ 모양이 **5**개로 가장 많습니다.

3_{단계} **유형 콕콕**　　　　148~150쪽

1-1 줄넘기, 농구, 야구, 배드민턴

1-2 라면, 과일, 과자

1-3 빨간색 : ㉠, ㉢, ㉦
노란색 : ㉡, ㉣, ㉤, ㉺
초록색 : ㉫, ㉧

1-4 **3**개 : ㉣, ㉫, ㉧
4개 : ㉠, ㉡, ㉢, ㉺
0개 : ㉤, ㉦

2-1

나라	중국	미국	일본	프랑스
세면서 표시하기	///	///	////	//
학생 수(명)	3	3	4	2

2-2 **4**, 의사, **2**, **2**, 경찰관 (왼쪽부터)

3-1

음식	스파게티	치킨	햄버거	피자
세면서 표시하기	///	////	//	〢〢 /
학생 수(명)	3	4	2	6

3-2 피자

3-3 예 가장 많은 학생들이 좋아하는 음식이 무엇인지 쉽게 알 수 있습니다.

3-4 **5, 3, 3, 4, 1**　　　**3-5** 참외

3-6 수박　　　**3-7** **2, 3, 3, 4**

3-8 ㉡　　　**3-9** **2**

1-1 같은 종류의 운동을 두 번 쓰거나 빠뜨리지 않도록 합니다.

3-2 3-1에서 조사한 표를 보면 피자를 좋아하는 학생이 **6**명으로 가장 많습니다.

3-5 학생수가 가장 많은 과일은 참외입니다.

3-6 딸기를 좋아하는 학생 : **3**명
수박을 좋아하는 학생 : **4**명

3-8 ㉠ 배구공은 **4**명이 가지고 있습니다.
㉡ **2**명만 가지고 있는 공은 축구공입니다.

3-9 축구공을 가진 학생은 **2**명이고 배구공을 가진 학생은 **4**명이므로 **4-2=2**(명)입니다.

4_{단계} **실력 팍팍**　　　　151~152쪽

1 당근, 가지, 배추, 고추, 오이
2 4　　　　　　　**3** 1
4 야구, 3, 농구, 1, 3, 3(왼쪽부터)
5 야구　　　　　**6** 농구
7 2　　　　　　　**8** 11, 5, 4
9 풀이 참조　　　**10** 8, 3, 4, 5
11 6, 8, 6　　　**12** 12, 3, 5
13 4

5. 분류하기 ◆ **31**

2 모자를 쓴 어린이 중 남자 어린이는 **4**명입니다.

3 안경을 쓰고 모자를 쓰지 않은 어린이 중 여자 어린이는 **1**명입니다.

5 학생 수가 가장 많은 것은 야구입니다.

6 학생 수가 가장 적은 것은 농구입니다.

7 수영 : **3**명, 농구 : **1**명
➡ **3−1=2**(명)

9 ⑩ 잘함이 **11**번으로 가장 많고 못함이 **4**번으로 가장 적으므로 동민이의 학교생활 태도는 좋은 편이라고 말할 수 있습니다.

13 파란색 단추 중에서 구멍이 **2**개인 단추는 **4**개입니다.

서술 유형 익히기   153~154쪽

유형 1
책, 인형, 공, 로봇, 4, 4

예제 1
풀이 참조, 6

유형 2
딸기, 토마토, 참외, 레몬 / 딸기, 토마토, 참외, 레몬, 색깔

예제 2
풀이 참조

---

1 친구들이 좋아하는 색깔의 이름을 적어 분류하면
빨간색, 노란색, 파란색, 분홍색, 초록색, 주황색으로 — ①
모두 **6**가지입니다. — ②

평가기준	배점
① 친구들이 좋아하는 색깔을 모두 나열한 경우	3점
② 친구들이 좋아하는 색깔의 가짓수를 바르게 구한 경우	1점

2 ⑩

다리 수 **4**개	코끼리, 기린, 돼지
다리 수 **2**개	닭, 참새
다리 수 **0**개	물고기, 달팽이 — ①

코끼리, 기린, 돼지는 다리 수가 **4**개, 닭, 참새는 다리 수가 **2**개, 물고기, 달팽이는 다리 수가 **0**개이므로 다리의 수에 따라 분류하였습니다. — ②

평가기준	배점
① 분류 기준을 정하여 바르게 분류한 경우	2점
② 분류 기준을 바르게 설명한 경우	3점

놀이 수학   155쪽

1 ㉠, ㉥, ㉤   **2** ㉡, ㉣

1 빨간색 : ㉠, ㉢, ㉥, ㉤
변의 수가 **4**개 : ㉠, ㉣, ㉥, ㉤, ㉧ ⎤➡ ㉠, ㉥, ㉤

2 파란색 : ㉡, ㉣, ㉣, ㉧
꼭짓점의 수가 **3**개 : ㉡, ㉢, ㉣ ⎤➡ ㉡, ㉣

단원 평가   156~159쪽

1

	수첩	주사위
(정육면체)	풀	저금통
(원기둥)	야구공	구슬

2 석기, 한별

3 초록색, 빨간색, 파란색, 보라색

4 비행기

5 기차, 비행기, 자전거, 배

6 4

7 한별, 예슬, 지혜, 가영

8

다리가 **2**개	참새, 앵무새, 제비
다리가 **4**개	코끼리, 강아지, 다람쥐, 소, 토끼

9

날개가 있음	참새, 앵무새, 제비
날개가 없음	코끼리, 강아지, 다람쥐, 소, 토끼

10 3, 5

11

동물	사자	사슴	코끼리	호랑이	기린
세면서 표시하기	////	/////	///	///// /	//
학생 수(명)	4	5	3	6	2

12 기린   **13** 호랑이

14 2   **15** 15, 8, 5

16 5   **17** 영수

18 5, 4, 3, 4   **19** 7, 5, 4

20 4, 5, 2, 3, 2   **21** 2

22 풀이 참조   **23** 풀이 참조, 3

24 풀이 참조

25 풀이 참조, 빨간색, 초록색, 파란색

---

3 학생들의 이름을 쓰는 것이 아니라 색깔의 이름을 써야 합니다.

6 한별이의 친구들이 타고 싶어 하는 것의 이름을 적어 분류하면 기차, 비행기, 자전거, 배로 모두 **4**가지입니다.

14 6−4=2(명)

16 비 온 날이 5일이므로 우산이 필요했던 날은 5일입니다.

17 흐린 날은 비온 날보다 8−5=3(일) 더 많습니다.

22 윗옷과 아래옷으로 분류하였으므로 옷을 입는 위치에 따라 분류한 것입니다. — ①

평가기준	배점
① 분류 기준을 바르게 설명한 경우	4점

23

계절	봄	여름	가을	겨울	
학생 수(명)	2	4	1	3	— ①

가장 많은 학생들이 좋아하는 계절은 여름으로 **4**명이고, 가장 적은 학생들이 좋아하는 계절은 가을로 **1**명입니다.

➡ **4−1=3**(명) — ②

평가기준	배점
① 좋아하는 계절에 따라 분류하고 그 수를 바르게 센 경우	4점
② 여름을 좋아하는 학생 수와 가을을 좋아하는 학생 수의 차를 구한 경우	1점

24 **예** 사람에 따라 '무겁다'와 '가볍다'의 기준이 다를 수 있으므로 분류 기준으로 알맞지 않습니다.

평가기준	배점
분류 기준이 알맞지 않은 까닭을 바르게 쓴 경우	4점

25 색깔에 따라 양말을 분류하고 수를 세어보면
빨간색 **5**개, 초록색 **3**개, 파란색 **2**개입니다. — ①
따라서 가장 많이 판 양말 색깔부터 순서대로 쓰면
빨간색, 초록색, 파란색입니다. — ②

평가기준	배점
① 분류 기준에 맞게 분류한 경우	3점
② 순서대로 알맞게 쓴 경우	2점

5단원 분류하기

⊛ 탐구 수학 160쪽

1 풀이 참조

1 〈경우 1〉

분류 기준 : ㈜ 남자와 여자

동민 한초 효근 / 가영 예슬 지혜

〈경우 2〉

분류 기준 : ㈜ 모자를 쓴 사람과 안 쓴 사람

동민 한초 예슬 / 가영 효근 지혜

⌂ 생활 속의 수학 161~162쪽

㈜	다리 수(개)	동물 이름
	2	펭귄, 제비, 독수리, 닭
	4	돼지, 양, 기린, 말, 하마, 코끼리

1단계 개념 탄탄   164쪽

1 ⟨수직선 그림: 0 1 2 3 4 5 6 7 8 9 10 11 12⟩ , 12

2 (1) 5   (2) 12, 16, 20

2 (2) 4씩 1묶음 : 4개
     4씩 2묶음 : 8개
     4씩 3묶음 : 12개
     4씩 4묶음 : 16개
     4씩 5묶음 : 20개

2단계 핵심 쏙쏙   165쪽

1 2, 4, 6, 8 / 8   2 15, 20, 20
3 (1) 7, 4   (2) 21, 28
   (3) 28
4 4, 3   5 3
6 (1) 5   (2) 15

6 3씩 묶은 후 3씩 뛰어 세면
   3-6-9-12-15이므로 꽃은 모두 15송이입니다.

1단계 개념 탄탄   166쪽

1 (1) 4   (2) 4
2 (1) 3, 3   (2) 4, 4

2단계 핵심 쏙쏙   167쪽

1 2, 2   2 5, 5
3 (1) 5   (2) 5
   (3) 4   (4) 4
4 (1) 4   (2) 3
5 9, 12, 4   6 3

3 가위를 4개씩 묶어 보면 5묶음이 되고, 5개씩 묶어 보면 4묶음이 됩니다.

5 3씩 4번 뛰어 세면 12가 되므로 12는 3의 4배입니다.

6 6은 2씩 3묶음이므로 사과의 수는 귤의 수의 3배입니다.

1단계 개념 탄탄   168쪽

1 (1) 4   (2) 3, 3, 3, 12
   (3) 4, 12
2 30, 6, 30

2단계 핵심 쏙쏙   169쪽

1 3, 4
2 (1) 5   (2) 4, 4, 4, 4, 20
   (3) 5, 20
3 18 / 6, 3, 18   4 7, 2, 14
5 4, 3, 12
6 (1) 5×3=15   (2) 3×6=18
   (3) 8×5=40   (4) 6×9=54

2 (2) **4**씩 **5**묶음이므로 **4**를 **5**번 더합니다.

　(3) **4**씩 **5**묶음은 **4**의 **5**배이고, 이것을 곱셈식으로 쓰면 **4×5＝20**입니다.

4 **7**씩 **2**번 뛰어 세기 한 것이므로 **7×2＝14**입니다.

5 **4**씩 **3**번 뛰어 세기 한 것이므로 **4×3＝12**입니다.

---

1 단계 **개념 탄탄** 　　　　　　　　**170**쪽

1 (1) **5, 5, 10** 　　　　(2) **2, 2, 10**
2 (1) **6, 3, 6, 18** 　　(2) **3, 6, 3, 18**

---

2 단계 **핵심 쏙쏙** 　　　　　　　　**171**쪽

1 (1) **4** 　　　　　　　(2) **7**
　(3) **4, 7, 28**
2 **5, 5, 15** 　　　　**3** **5, 5, 20**
4 **8, 16 / 4, 16 / 2, 16**
5 (1) **21** 　　　　　　(2) **20**
　(3) **가영**

1 (3) **4**개씩 **7**마리
　➡ **4×7＝4＋4＋4＋4＋4＋4＋4＝28**(개)

4 전체 **16**개는 **2**씩 **8**묶음, **4**씩 **4**묶음, **8**씩 **2**묶음입니다.

5 (1) **7**개씩 **3**묶음
　➡ **7×3＝7＋7＋7＝21**(개)
　(2) **4**개씩 **5**묶음
　➡ **4×5＝4＋4＋4＋4＋4＝20**(개)

---

3 단계 **유형 콕콕** 　　　　　　　　**172~176**쪽

1-1 풀이 참조, **6, 8, 10, 12**
1-2 (1) **5** 　　　　　　(2) **6, 9, 12, 15**
　(3) **15**
2-1 (1) **3** 　　　　　　(2) **3**
2-2 **8** 　　　　　**2-3** **3**
2-4 **7, 6** 　　　　　**2-5** **＝**
3-1 (1) **4, 4, 4, 4, 4, 20**
　(2) **4, 5, 20**
3-2 **3, 3, 3, 4, 12**
3-3 (1) **6, 6, 6, 18** 　(2) **6, 3, 18 / 6, 3, 18**
3-4 (　)(○) 　　**3-5** ②, ③
3-6 **8, 3, 24**
3-7 (1) **2×9＝18** 　　(2) **5×6＝30**
　(3) **7×8＝56**
3-8 **2×3＝6, 2×4＝8**
3-9 (1) **4** 　　　　　　(2) **6×4＝24**
　(3) **24**
3-10 **32** 　　　　　**3-11** ＞
4-1 (1) **7, 2, 7, 14** 　(2) **2, 7, 2, 14**
4-2 ③, ⑤
4-3 **9, 36, 6, 36, 4, 36**
4-4 예
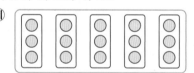
4-5 **10** 　　　　　　**4-6** **56**
4-7 (1) **54** 　　　　　(2) **18**
　(3) **36**
4-8 **16** 　　　　　　**4-9** **48**
4-10 **40** 　　　　　**4-11** **8**

1-1 예
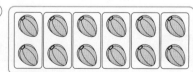
2씩 더하면서 세어 봅니다.

1-2 ⑵ 3씩 1묶음 : 3개, 3씩 2묶음 : 6개,
3씩 3묶음 : 9개, 3씩 4묶음 : 12개,
3씩 5묶음 : 15개

2-3 5씩 3묶음은 5의 3배입니다.

2-5 4씩 8묶음과 8씩 4묶음은 개수가 같으므로
4의 8배와 8의 4배는 같습니다.

3-1 ⑴ 4씩 5묶음이므로 4를 5번 더합니다.

3-10 8의 4배 ➡ 8+8+8+8=32
➡ 8×4=32

3-11 3×7=21
2×9=18

4-2 24는 4씩 6묶음, 6씩 4묶음, 3씩 8묶음, 8씩 3
묶음입니다.

4-3 4씩 묶으면 9묶음입니다. ➡ 4×9=36
6씩 묶으면 6묶음입니다. ➡ 6×6=36
9씩 묶으면 4묶음입니다. ➡ 9×4=36

4-5 2씩 5묶음 ➡ 2×5=10(개)

4-6 7×8=56(개)

4-7 ⑴ 9×6=54(개)입니다.
⑵ 9×2=18(개)입니다.
⑶ 남은 우유는 54−18=36(개)입니다.

4-8 타조 8마리의 다리는 모두
2×8=2+2+2+2+2+2+2+2=16(개)
입니다.

4-9 6×8=48(개)

4-10 48−8=40(개)

4-11 사과 40개를 5개씩 묶으면 8묶음입니다.

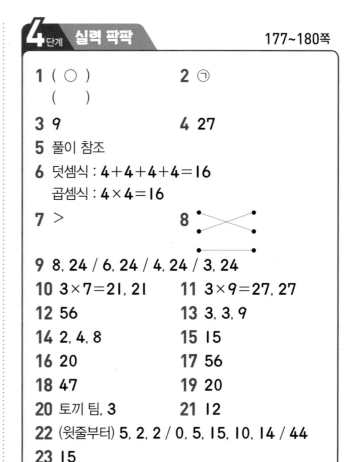

4단계 **실력 팍팍**   177~180쪽

1 (○)
　 (　)
2 ㉠
3 9
4 27
5 풀이 참조
6 덧셈식 : 4+4+4+4=16
곱셈식 : 4×4=16
7 >
8
9 8, 24 / 6, 24 / 4, 24 / 3, 24
10 3×7=21, 21
11 3×9=27, 27
12 56
13 3, 3, 9
14 2, 4, 8
15 15
16 20
17 56
18 47
19 20
20 토끼 팀, 3
21 12
22 (윗줄부터) 5, 2, 2 / 0, 5, 15, 10, 14 / 44
23 15

1 가영 : 8자루씩 5묶음 ➡ 8의 5배
동민 : 6자루씩 7묶음 ➡ 6의 7배

2 6씩 4묶음 ➡ 6+6+6+6=24

3 3의 3배는 9이므로 쌓기나무 3개의 높이는 9 cm
입니다.

4 9의 3배는 9+9+9=27이므로 이모의 나이는
27살입니다.

5 ⑩ 사과의 수는 3씩 1묶음이고 딸기의 수는 3씩 4
묶음입니다. 따라서 딸기의 수는 사과의 수의 4
배입니다.

6 4씩 4번 뛰어 센 것은 4를 4번 더한 것과 같습니
다.
➡ 4+4+4+4=4×4=16

7 영수 : 4+4+4+4+4+4=24
지혜 : 5×4=5+5+5+5=20
➡ 24>20

8 4+4+4+4+4 ➡ 4씩 5묶음 ➡ 4×5
7+7+7+7 ➡ 7씩 4묶음 ➡ 7×4
8+8+8 ➡ 8씩 3묶음 ➡ 8×3

9 당근이 24개이고, 24는 3씩 8묶음, 4씩 6묶음, 6씩 4묶음, 8씩 3묶음으로 나타낼 수 있습니다.

10 3씩 7묶음이므로
3×7=3+3+3+3+3+3+3=21(자루)
입니다.

11 세발자전거 9대의 바퀴 수는
3×9=3+3+3+3+3+3+3+3+3
   =27(개)
입니다.

12 8개씩 7상자 ➡ 8×7=56(개)

15 모양 5개를 만들려면 면봉이 3개씩 5묶음이 필요하므로 3×5=3+3+3+3+3=15(개)가 필요합니다.

16 한 사람이 펼친 손가락은 5개이므로
5×4=20(개)입니다.

17 한 상자에 막대사탕을 4×2=8(개)씩 넣었으므로 7상자에는 막대사탕이 8×7=56(개) 있습니다.

18 9명씩 5줄이면 9×5=45(명)이고 2명이 남으므로 지우네 반 학생 수는 모두 45+2=47(명)입니다.

19 2×4=2+2+2+2=8(개)
4×3=4+4+4=12(개)
➡ 8+12=20(개)

20 토끼 팀 :
5×7=5+5+5+5+5+5+5=35(명)
거북 팀 :
4×8=4+4+4+4+4+4+4+4=32(명)
따라서 35−32=3(명)이므로 토끼 팀이 3명 더 많습니다.

21
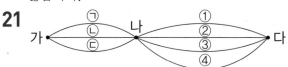
㉠을 거쳐 가는 방법은 (㉠, ①) (㉠, ②), (㉠, ③), (㉠, ④)의 4가지입니다.
㉡, ㉢을 거쳐 가는 방법도 ㉠을 거쳐 가는 방법과 같이 각각 4가지씩이므로 가 지점에서 나 지점을 거쳐 다 지점까지 가는 방법은 모두
4×3=12(가지)입니다.

22 (석기의 점수)=0+5+15+10+14=44(점)

23 3◆4=3×4+3=3+3+3+3+3=15

서술 유형 익히기   181~182쪽

유형 **1**
8, 4, 4, 32, 32

예제 **1**
풀이 참조, 35

유형 **2**
3, 3, 12, 4, 4, 24, 12, 24, 36, 36

예제 **2**
풀이 참조, 29

1 한 봉지에 들어 있는 사과는 **7**개이므로 동민이가 산 사과의 수는 **7**씩 **5**묶음입니다. — ①

따라서 동민이가 산 사과는 **7×5＝35**(개)입니다. — ②

평가기준	배점
① 사과는 몇 개씩 몇 묶음인지 구한 경우	2점
② 사과는 모두 몇 개인지 곱셈식으로 나타낸 경우	2점
③ 답을 구한 경우	1점

2 삼각형 한 개의 꼭짓점의 수는 **3**개이므로 삼각형 **3**개의 꼭짓점의 수는 **3×3＝9**(개)입니다. — ①

사각형 한 개의 꼭짓점의 수는 **4**개이므로 사각형 **5**개의 꼭짓점의 수는 **4×5＝20**(개)입니다. — ②

따라서 꼭짓점의 수는 모두 **9＋20＝29**(개)입니다. — ③

평가기준	배점
① 삼각형 3개의 꼭짓점의 수를 구한 경우	2점
② 사각형 5개의 꼭짓점의 수를 구한 경우	2점
③ 꼭짓점은 모두 몇 개인지 구한 경우	1점

놀이 수학   183쪽

1 15   **2** 12
3 석기

1 **3**의 **5**배 또는 **5**의 **3**배이므로 **3×5＝5×3＝15**입니다.

2 **6**의 **2**배 또는 **2**의 **6**배이므로 **6×2＝2×6＝12**입니다.

3 **15＞12**이므로 놀이에서 이긴 사람은 석기입니다.

단원 평가   184~187쪽

1 4   **2** 5
3 9, 12, 15, 18, 21

4 14, 21   **5** 3, 3
6 (1) 9   (2) 2
7 예
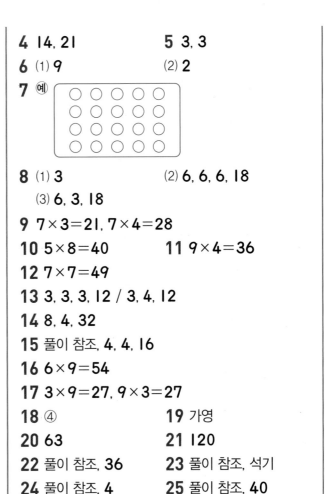

8 (1) 3   (2) 6, 6, 6, 18
  (3) 6, 3, 18
9 7×3＝21, 7×4＝28
10 5×8＝40   **11** 9×4＝36
12 7×7＝49
13 3, 3, 3, 12 / 3, 4, 12
14 8, 4, 32
15 풀이 참조, 4, 4, 16
16 6×9＝54
17 3×9＝27, 9×3＝27
18 ④   **19** 가영
20 63   **21** 120
22 풀이 참조, 36   **23** 풀이 참조, 석기
24 풀이 참조, 4   **25** 풀이 참조, 40

3 **3**씩 더하면서 세어 봅니다.

4 **7**씩 더하면서 세어 봅니다.

5 **4**씩 **3**묶음 ➡ **4**의 **3**배

7 ○의 수가 **5**개씩 **4**묶음이 되도록 그립니다.

13 **3**씩 **4**번 뛰어 세기 한 것입니다.

14 **8**씩 **4**묶음입니다.
  ➡ **8＋8＋8＋8＝32**
  ➡ **8×4＝32**

15
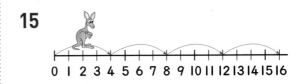

17 한 묶음의 수를 다르게 하여 여러 가지 곱셈식으로 나타낼 수 있습니다.

18 ④ 5×3 ➡ $5+5+5$

19 동민 : 2개씩 7봉지
         ➡ 2×7
         ➡ $2+2+2+2+2+2+2=14$(개)
    가영 : 3개씩 6봉지
         ➡ 3×6
         ➡ $3+3+3+3+3+3=18$(개)

20 일주일은 7일이므로 9쪽씩 7일입니다.
    ➡ $9 \times 7=63$(쪽)

21 한 상자에 들어 있는 음료수
    ➡ 5병씩 8줄
    ➡ $5 \times 8=40$(병)
    3상자에 들어 있는 음료수
    ➡ 40병씩 3상자
    ➡ $40+40+40=120$(병)

서술형

22 자동차의 바퀴는 4개씩 9대이므로
    $4 \times 9=4+4+4+4+4+4+4+4+4$ ─ ①
    $=36$(개)입니다. ─ ②

평가기준	배점
① 자동차의 바퀴 수를 식을 세워 구한 경우	2점
② 답을 구한 경우	2점

23 영수 : $2 \times 7=14$입니다. ─ ①
    석기 : $8+8=16$입니다. ─ ②
    상연 : $4 \times 3=12$입니다. ─ ③
    따라서 계산 결과가 가장 큰 사람은 석기입니다. ─ ④

평가기준	배점
① 영수의 계산 결과를 구한 경우	1점
② 석기의 계산 결과를 구한 경우	1점
③ 상연이의 계산 결과를 구한 경우	1점
④ 계산 결과가 가장 큰 사람을 구한 경우	2점

24 (예슬이가 가지고 있는 사탕 수)
    $=$(영수가 가진 사탕 수)$\times 5=4 \times 5=20$(개) ─ ①

따라서 $20=5 \times 4$이므로 예슬이는 효근이가 가지고 있는 사탕 수의 4배를 가지고 있습니다. ─ ②

평가기준	배점
① 예슬이가 가지고 있는 사탕 수를 구한 경우	2점
② 예슬이가 가지고 있는 사탕 수는 효근이가 가지고 있는 사탕 수의 몇 배인지 설명한 경우	2점
③ 답을 구한 경우	1점

25 목걸이 1개를 만들 때 구슬 4개가 필요하므로 목걸이 2개를 만들 때 필요한 구슬 수는
$4 \times 2=4+4=8$(개)이고 ─ ①
목걸이를 2개씩 5명에게 줄 때 필요한 구슬 수는
$8 \times 5=8+8+8+8+8=40$(개)입니다. ─ ②

평가기준	배점
① 목걸이 2개를 만들 때 필요한 구슬 수를 구한 경우	2점
② 목걸이를 2개씩 5명에게 줄 때 필요한 구슬 수를 구한 경우	3점

⊛ 탐구 수학   188쪽

1 2	**2** 3
3 5	

1 주황색 막대의 길이는 10 cm이고 노란색 막대의 길이는 5 cm이므로 주황색 막대의 길이는 노란색 막대의 길이의 2배입니다.

2 파란색 막대의 길이는 9 cm이고 연두색 막대의 길이는 3 cm이므로 파란색 막대의 길이는 연두색 막대의 길이의 3배입니다.

3 주황색 막대 1개와 노란색 막대 1개를 연결한 길이는 15 cm이고 연두색 막대의 길이는 3 cm이므로 주황색 막대 1개와 노란색 막대 1개를 연결한 길이는 연두색 막대의 길이의 5배입니다.

🏠 생활 속의 수학   189~190쪽

• 예 5의 3배, 5×3, 5 곱하기 3

정답과
풀이